中等职业学校数控加工类专业理实一体化教材

技工院校数控加工类专业理实一体化教材（中级技能层级）

车工工艺与技能

（第二版）

（学生指导用书）

孔凡宝◎主编

U0272940

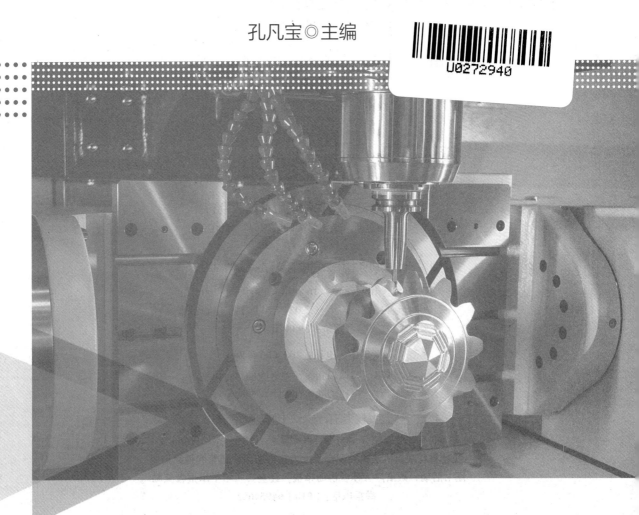

中国劳动社会保障出版社

简介

本书根据中等职业学校教学计划和教学大纲组织编写，主要内容包括认识车削，车台阶轴，车槽和切断，加工衬套，车圆锥，加工螺纹，滚花、车成形面和车偏心工件等。本书由孔凡宝任主编，尚念鹏任副主编，陈修刚、盖兵、车磊、王慎水、柴鹏飞、商忠伟参加编写，鲁国军、曾峰任主审，许秦参加审稿。

图书在版编目（CIP）数据

车工工艺与技能（第二版）学生指导用书 / 孔凡宝
主编 . -- 北京：中国劳动社会保障出版社，2024.
（中等职业学校数控加工类专业理实一体化教材）（技工
院校数控加工类专业理实一体化教材）. -- ISBN 978-7
-5167-6732-0

Ⅰ. TG510. 6

中国国家版本馆 CIP 数据核字第 2024TZ0238 号

中国劳动社会保障出版社出版发行

（北京市惠新东街 1 号　邮政编码：100029）

*

北京市鑫霸印务有限公司印刷装订　　新华书店经销

787 毫米 × 1092 毫米　16 开本　19 印张　360 千字
2024 年 11 月第 1 版　　2024 年 11 月第 1 次印刷

定价：39.00 元

营销中心电话：400-606-6496

出版社网址：https://www.class.com.cn

https://jg.class.com.cn

前　言

为了更好地适应技工院校数控加工类专业的教学要求，全面提升教学质量，人力资源社会保障部教材办公室组织有关学校的骨干教师和行业、企业专家，在充分调研企业生产和学校教学情况，广泛听取教师对教材使用反馈意见的基础上，对技工院校数控加工类专业理实一体化教材（中级技能层级）进行了修订。

本次教材修订工作的重点主要体现在以下几个方面：

第一，更新教材内容，体现时代发展。

根据数控加工类专业毕业生所从事岗位的实际需要和教学实际情况的变化，合理确定学生应具备的能力与知识结构，对部分教材内容及其深度、难度做了适当调整。

第二，反映技术发展，涵盖职业技能标准。

根据相关职业和专业领域的最新发展，在教材中充实新知识、新技术、新设备、新工艺等方面的内容，体现教材的先进性。教材编写以国家职业技能标准为依据，内容涵盖钳工、车工、铣工、电切削工等国家职业技能标准的知识和技能要求。

第三，精心设计形式，激发学习兴趣。

在教材内容的呈现形式上，尽可能利用图片、实物照片和表格等形式将知识点生动地展示出来，力求让学生更直观地理解和掌握所学内容。针对不同的知识点，设计了许多贴近实际的互动栏目，以激发学生的学习兴趣，使教材"易教易学，易懂易用"。

第四，开发配套资源，提供教学服务。

本套教材配有学生指导用书和方便教师上课使用的多媒体电子课件，可以通过技工教育网（https://jg.class.com.cn）下载。另外，在部分教材中使用了二维码技术，针对教材中的教学重点和难点制作了动画、视频、微课等多媒体资源，学生使用移动终端扫描二维码即可在线观看相应内容。

第五，升级印刷工艺，提升阅读体验。

部分教材将传统黑白印刷升级为四色印刷，提升学生的阅读体验，使教材中的插图、表格等内容更加清晰、明了，更符合学生的认知习惯。

本次教材的修订工作得到了江苏、山东等省人力资源和社会保障厅及有关学校的大力支持，在此我们表示诚挚的谢意。

人力资源社会保障部教材办公室

2023 年 12 月

目　录

项目一
认 识 车 削

任务一 初 识 车 削

任务描述

在教师带领下参观车削加工生产现场，深入了解车削的加工内容、加工特点、车床种类等基本知识，体验车削的工作过程，并进一步了解车床的类型和典型的 CA6140 型卧式车床的结构，为车床的操作训练做准备。

任务准备

1. 参观前可先观看机械加工、车削和数控车削等多媒体视频。

2. 按照车间要求，做好进入车间前的准备工作。

任务实施

一、新课准备

1. 通过观察生活、深入生产实际以及在互联网上收集资料等，对车削加工和车床做一些基本了解，有条件的同学可以拍些照片，进行交流及讨论。

2. 大家听说过"金牌工人"许振超吗？在互联网上搜索或去图书馆收集他从一线工人到首席技师、国务院政府特殊津贴获得者的成长事迹。

目前，世界上最先进的车削技术之一是硬车加工（见图 1-1），在互联网上搜索其他先进的车削技术。

图 1-1 硬车加工

二、理论学习

认真听课，配合教师的提问、启发和互动，回答以下问题：

1. 什么是车削？车削的基本内容有哪些？

2. 车削安全操作规程中对车工工作时的人身防护要求有哪些？图 1-2 所示的操作中有不符合安全生产要求的吗？试判断正误并说明理由。

a)   b)

c)   d)

图 1-2 判断车削操作情况

三、实践操作

1. 在教室观看有关车工操作的相关视频资料，谈谈自己对车削加工的感想。

安全提示：

（1）参观前应注意着装是否符合要求。

（2）参观时整队进入车间，听从教师统一指挥。

（3）在加工现场，站在安全区域内仔细观察。

（4）对车间各设备不得随意触摸、操作。

（5）在车间内不得喧哗和嬉戏打闹。

2. 参观生产车间时，通过对加工工件类型、加工方式等内容的观察及比较来体会：车削时切削运动的类型以及与其他切削加工方法相比的异同点。

3. 怎样从众多机床中分辨出哪台是车床？车床具有什么特点？

4. 根据所参观车床的加工特点，指出图 1-3 所示的工件中哪些部位可以在车床上进行加工。

a)   b)

图 1-3   工件

5. 完成现场参观记录工作。

现场参观记录表见表 1-1。

表1-1 现场参观记录表

参观单位		参观时间	年 月 日
所参观车间内的主要部门和科室			
参观时接触的人员			
所参观的车床型号	车床名称	加工内容	
参观的见闻、体会和收获			
自己对车削的认识,对未来将从事这一职业的感想和展望			
教师:			年 月 日

💬 任务测评

每位同学参观后认真填写参观情况记录表,见表1-2。

表1-2 参观情况记录表

工作内容	完成情况	存在问题	改进措施
劳动保护用品的穿戴			
组织纪律			
对车床结构的组成和用途的认知			
教师评价			
	教师:		年 月 日

📚 课后阅读

车床的昨天和今天

在古埃及国王墓碑上发现了最古老的车床的图案,图上显示操作者将零件放在架子上,一名操作者将绳索缠绕在零件圆周上,双手握住绳索两端,带动零件旋转,另一名操作者手持刀具对零件进行车削。

历史资料中还有唐朝的手工操作车床，操作者通过双脚交替踩动脚踏板，带动零件旋转，利用刀具对零件进行车削。

20 世纪 20 年代前出现的天轴、带、塔轮车床传动机构如图 1-4 所示。

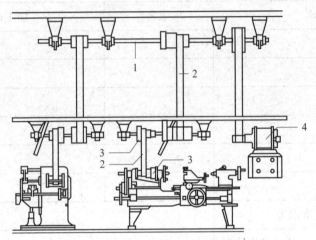

图 1-4　天轴、带、塔轮车床传动机构
1—天轴　2—带　3—塔轮　4—电动机

值得一提的是上海荣昌泰机器厂（1913 年创办）1915 年开始生产脚踏车床，1949 年新中国第一台车床在沈阳第一机床厂诞生，在第三套人民币两元券上的图案就设计为车床工人生产图，如图 1-5 所示。

图 1-5　车床工人生产图

图 1-6 所示的转塔车床有一个可绕垂直轴线转位的六角转位刀架，通常刀架只能做纵向进给，转塔车床没有尾座。

图 1-7 所示的自动车床的自动循环是由凸轮控制的。

图 1-8 所示的立式车床用于加工径向尺寸大而轴向尺寸相对较小的大型和重型工件。立式车床的结构布局特点是主轴垂直布置，有一个水平布置的直径很大的圆形工作台用于装夹工件。

图 1-6 转塔车床

图 1-7 自动车床

 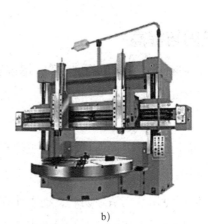

a)   b)

图 1-8 立式车床

a）单柱式立式车床 b）双柱式立式车床

目前在机械制造行业应用最多的是数控车床，图 1-9 所示为国产 CK6132A 型数控车床。随着科技的发展，比数控车床还要先进的车削中心（见图 1-10）的应用也越来越普及。

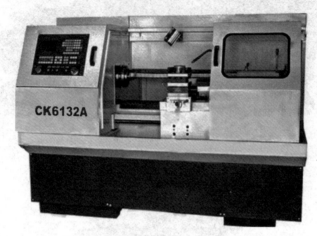

图 1-9　CK6132A 型数控车床

图 1-10　车削中心

巩固与提高

一、判断题（正确的打"√"，错误的打"×"）

1. 工作时应穿长袖紧口工作服，不得系领带，夏季可以穿裙子和凉鞋操作机床。

（　　）

2. 装卸工件、更换刀具、测量工件尺寸及变换速度时必须先停机。（　　）

3. 车床运转时，可以用手摸工件表面。（　　）

4. 应用专用铁钩清除切屑，绝不允许直接用手清除切屑。（　　）

5. 切削液对人的皮肤无刺激作用，可以直接用手接触。（　　）

6. 在车床上操作时不允许戴手表、手套及佩戴戒指等首饰。（　　）

7. 工作时，为防止切屑崩碎而飞散伤人，必须戴防护眼镜。 （　　）

8. 工件装夹好后，卡盘扳手必须随即从卡盘上取下。 （　　）

9. 不准通过用手顶住转动的卡盘的方式使其停止运转。 （　　）

10. 不要随意拆装电气设备，以免发生触电事故。 （　　）

二、选择题（将正确答案的代号填入括号内）

1. 数控车床的数量已占到数控机床总数的（　　）左右。

A. 10% B. 60% C. 25%

2. 图 1-11 所示的机床是（　　），其操作者称为（　　）。

A. 车床；车工 B. 铣床；铣工 C. 磨床；磨工

图 1-11 机床的操作

三、简答题

1. 根据表 1-3 所列图片的提示填写车削的基本内容。

表 1-3 车削的基本内容

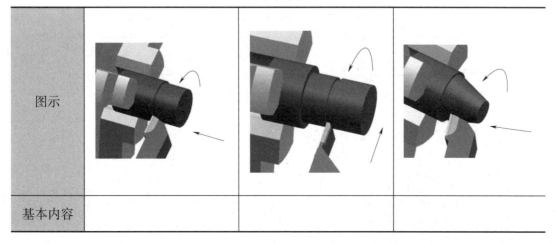

图示			
基本内容			

续表

图示	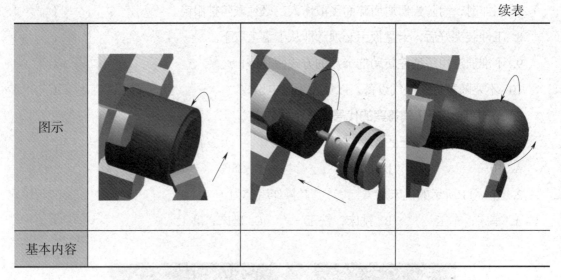		
基本内容			

2. 在横线上填出图 1-12 所示 CA6140 型卧式车床主要组成部分的名称。

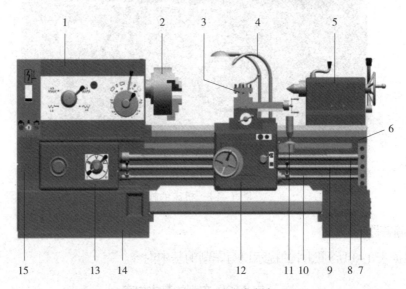

图 1-12　CA6140 型卧式车床

1—＿＿＿＿＿＿　　　2—＿＿＿＿＿＿　　　3—＿＿＿＿＿＿

4—＿＿＿＿＿＿　　　5—＿＿＿＿＿＿　　　6—＿＿＿＿＿＿

7、14—＿＿＿＿＿＿　　　8—＿＿＿＿＿＿　　　9—＿＿＿＿＿＿

10—＿＿＿＿＿＿　　　11—＿＿＿＿＿＿　　　12—＿＿＿＿＿＿

13—＿＿＿＿＿＿　　　15—＿＿＿＿＿＿

任务二　车床的润滑和日常维护

任务描述

先了解 CA6140 型卧式车床润滑系统图中润滑油牌号的含义，并知道进行润滑与保养的方法，最后完成 CA6140 型卧式车床的润滑操作（见图 1-13），养成安全文明生产的习惯。

图 1-13　CA6140 型卧式车床的润滑操作

任务准备

1. 在进入车间前按要求穿好工作服。

2. 准备棉纱、油枪、油壶、2 号钙基润滑脂、L-AN46 全损耗系统用油等。

任务实施

一、新课准备

通过观察生活、深入生产实际及在互联网上收集资料等，进行交流及讨论，举例说明车床润滑的重要性。

二、理论学习

认真听课，配合教师的提问、启发和互动，回答以下问题：

1. CA6140 型卧式车床的润滑方式有哪些？

2. 弹子油杯润滑有哪些适用场合？

3. 车床润滑系统图中的"②"表示什么含义？其润滑部位是哪里？如何进行润滑？

4. 车床润滑系统图中"$\frac{16}{7}$"的分子和分母表示什么含义？其润滑部位是哪里？

三、实践操作

1. 观看车床上每天要完成的润滑内容的相关视频资料，记录车床润滑过程的操作要点和注意事项。

2. 认真观看教师在本任务中的操作要点，回答下列问题：

车床注油点有几个？分别在什么位置？车床的注油方式有哪些？车床润滑和日常维护应如何操作？

💬 任务测评

每位同学完成工作后认真填写工作情况记录表，见表1-4。

表1-4 工作情况记录表

工作内容	完成情况	存在问题	改进措施
车床表面的清理			
注油孔的识别			
注油方式的选择			
安全文明操作			
劳动态度			
教师评价	教师：　　　　　　　　　　　　　年　月　日		

📖 课后小结

试结合本任务完成情况，从润滑方式、润滑位置、润滑要求、安全文明生产和团队协作等方面撰写工作总结。

📝 巩固与提高

一、填空题（将正确答案填写在横线上）

1. 油绳导油润滑常用于_____和_____的油池中。

2. 弹子油杯润滑是指定期地用_____压下油杯上的弹子，将油注入，常用于尾座、中滑板和小滑板上的摇动手柄以及_____、_____、_____支架的轴承处。

3. 油泵循环润滑常用于_____、需要大量润滑油连续强制润滑的场合。

4. $\frac{46}{7}$ 表示使用牌号为_____的全损耗系统用油，两班制工作时换（添）油间隔天数为_____天。

5. 浇油润滑常用于外露的滑动表面，如_____、_____等。

二、判断题（正确的打"√"，错误的打"×"）

1. 启动车床后应使主轴先低速空转 $1 \sim 2$ min，待车床运转正常后才能工作。（　　）

2. 主轴箱盖上可以放置工具、夹具和量具等工艺装备。（　　）

3. 车刀磨损后应及时刃磨，不允许用钝刃车刀继续车削，以免增加车床负荷而损坏车床，影响工件表面的加工质量和生产效率。（　　）

4. 换油时，在进给箱和溜板箱内注入同牌号的新润滑油，注油时应用滤网过滤。
（　　）

5. 弹子油杯润滑常用于尾座、中滑板和小滑板上的摇动手柄以及床身导轨面。
（　　）

6. 在加油润滑前，应用棉纱将待润滑表面擦干净。（　　）

7. 电动机空转 1 min 后主轴箱内形成油雾，油泵循环润滑系统使各润滑点得到润滑，主轴方可启动。（　　）

8. 工具应放置稳妥，重物放在下层，轻物放在上层，不可随意乱放，以免工具损坏和丢失。（　　）

9. 所使用量具必须定期检验，以保证其度量准确。（　　）

10. 下班时若工件不卸下，应用千斤顶支承。（　　）

11. 工作场地周围应保持清洁、整齐，禁止堆放杂物，防止被绊倒。（　　）

三、选择题（将正确答案的代号填入括号内）

1. 下列操作中叙述正确的是（　　）。

A. 换油时，在进给箱和溜板箱内注入同牌号的新润滑油，注油时应用滤网过滤

B. 每周应用油枪对车床上的弹子油杯进行注油润滑

C. 油标内的油面不得高于进给箱和溜板箱的油标中心线

2. 车床上采用浇油润滑的部位是（　　）。

A. 床身导轨面和滑板导轨面

B. 主轴箱的油箱

C. 进给箱和溜板箱的油池

四、简答题

1. 启动车床前应做哪些工作?

2. 结束操作后应做哪些工作?

3. 简述车床主轴箱的润滑步骤。

4. 简述床鞍、导轨面和刀架部分润滑工作的内容。

5. 简述进给箱和溜板箱润滑工作的内容。

6. 车床润滑系统图中"$\frac{46}{50}$"的分子和分母表示什么含义？其润滑部位是哪里？

任务三　车削运动和操作车床

任务描述

在教师带领下熟练操作 CA6140 型卧式车床上的各操作手柄和手轮，熟悉各操作手柄和手轮的作用。要求能熟练完成刀架部分和尾座的手动操作、车床主轴的变速操作和空运转、刀架的机动进给操作、刀架的快速移动操作，如图 1-14 所示。

图 1-14　操作 CA6140 型卧式车床

⚙️ 任务准备

在进入车间前按要求穿好工作服。在本次任务中将开始操作车床，请在上课前按照教师的安排分成小组，选出组长。

🔧 任务实施

一、新课准备

1. 回顾 CA6140 型卧式车床的结构和主要机构的作用。

2. 列出车床上各操作手柄和手轮的名称与用途。

二、理论学习

认真听课，配合教师的提问、启发和互动，回答以下问题：

1. 车削运动可分为哪两种？

2. 什么是主运动？什么是进给运动？

3. 车削时，工件上会形成哪三个表面？什么是过渡表面？

4. 结合车床刻度盘的操作，填写表 1–5。

表 1–5　车床刻度盘的操作

要求移动的距离	使用的刻度盘	车刀移动距离／（mm·格$^{-1}$）	手动时操作	机动时操作	刻度盘转过的格数
纵向进给 150 mm					
横向进给 14 mm					
纵向进给 3.25 mm					

三、实践操作

1. 经过教师的讲解和示范后，同组同学相互配合进行"鞍进""鞍退""中进""中退""小进""小退"以及刀架各工位的操作练习。

比赛：一名同学在车床一侧发出口令，另一名同学手动操作刀架部分和尾座，然后交换角色，最后比一比谁的操作反应速度快以及谁的动作准确且协调性好。

2. 选择刻度盘，并完成纵向进给、横向进给及其退回的操作。

（1）纵向进给 126 mm，再纵向退回 76.5 mm 的操作：选择床鞍刻度盘，逆时针转过 126 格；消除空行程，再顺时针转过 76.5 格。

（2）纵向进给 0.75 mm，再纵向退回 3.45 mm 的操作：选择小滑板刻度盘，顺时针转过 15 格；消除空行程，再逆时针转过 69 格。

（3）横向进给 0.20 mm，再横向退回 6.85 mm 的操作：选择中滑板刻度盘，顺时针转过 4 格；消除空行程，再逆时针转过 137 格。

💡 操作提示

手动进给操作时，移距的准确性非常重要。它是调整机床切削位置和切削用量以及进行尺寸控制的保证。消除空行程是本次训练的重点和难点。

3. 变换车床主轴变速手柄的位置，调整主轴转速分别至 125 r/min 和 710 r/min，最后调整至 12.5 r/min。

4. 根据进给箱上的进给量铭牌，变换车床手柄和手轮的位置，分别调整纵向进给量、横向进给量为 0.20 mm/r。比较进给量相同时，纵向进给、横向进给手柄和手轮的位置是否相同。

5. 思考：机动进给手柄的扳动方向与进给方向是否一致？刀架正在机动进给时，可否通过按下机动进给手柄顶部快进按钮的方式实现刀架快速移动？

6. 比赛：一名同学在车床一侧发出口令，另一名同学操作，然后交换角色，比一比谁的操作反应速度快以及谁的动作准确且协调性好。具体操作如下：

（1）床鞍→中滑板→小滑板→刀架→尾座。

（2）刀架的手动进给→刀架的机动进给→刀架的快速移动。

（3）主轴转速→纵向进给量→横向进给量。

（4）低速→中速→高速。

🗨 任务测评

每位同学完成操作后，认真填写操作情况记录表，见表1-6。

表1-6 操作情况记录表

工作内容	完成情况	存在问题	改进措施
刀架部分的手动操作			
车床的变速操作和空运转练习			
进给箱的变速操作			
刀架的机动进给操作			
刀架的快速移动操作			
教师评价	教师：		年 月 日

📖 课后小结

试结合本任务完成情况，从车床各部位的名称和作用、车床各部位操作方法、操作完成质量、安全文明生产和团队协作等方面撰写工作总结。

📝 巩固与提高

一、判断题（正确的打"√"，错误的打"×"）

1. 车削时，工件的旋转运动是主运动。 （ ）

2. 进给运动是指使工件的多余材料不断被去除的切削运动。 （ ）

3. 进给箱右侧有里外叠装的两个手柄，外面的手柄有 A、B、C、D 共四个挡位，是丝杠、光杠变换手柄；里面的手柄有 Ⅰ、Ⅱ、Ⅲ、Ⅳ、Ⅴ 共五个挡位。 （ ）

4. 如果中滑板刻度盘多转动了6格，则应直接退回6格。 （ ）

5. 当刀架上装有车刀时，转动刀架，其上的车刀也随之转动，应避免车刀与工件、卡

盘或尾座相撞。 （　　）

6. 只要将车床操纵杆手柄向上提起，就可使车床主轴反转。 （　　）

7. 当中滑板向前伸出较远时，应立即停止快进或机动进给，避免因中滑板悬伸太长而使燕尾导轨受损，影响运动精度。 （　　）

二、选择题（将正确答案的代号填入括号内）

1. 车削时，工件上经车刀车削后产生的新表面是（　　）。

A. 已加工表面　　　　　　　　　　　　B. 过渡表面

C. 待加工表面

2. 转动中滑板手柄，每转过 1 格，中滑板横向移动（　　）mm。

A. 0.05　　　　　　　　B. 1　　　　　　　　C. 0.5

3. CA6140 型卧式车床的操作手柄如图 1-15 所示，图中 10 为（　　）。

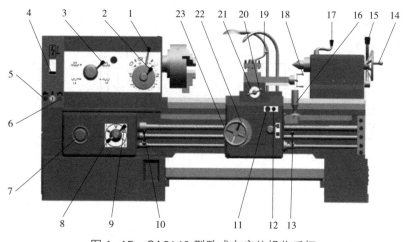

图 1-15　CA6140 型卧式车床的操作手柄

A. 加大螺距及左、右螺纹变换手柄　　　B. 主轴变速（长、短）手柄

C. 主轴正、反转操纵手柄

4. 如图 1-15 所示，车床主轴的变速通过改变主轴箱正面右侧两个叠套的长、短手柄（　　）的位置来实现。

A. 1、2　　　　　　　　　　　　　　　B. 8、9

C. 以上选项均正确

5. 图 1-15 中主轴箱正面左侧手柄 3 的作用是（　　）。

A. 加大螺距　　　　　　　　　　　　　B. 变换左旋螺纹和右旋螺纹

C. 纵向进给和退出　　　　　　　　　　D. 横向进给和退出

E. 变换主轴转速　　　　　　　　　　　F. 加大进给量

6. 下列选项中叙述正确的是（　　　）。

A. 车削时，工件的旋转运动是主运动

B. 车削时，进给运动是机床的主要运动，它消耗机床的主要动力

C. 进给箱右侧有里外叠装的两个手柄，外面的手柄有 A、B、C、D 共四个挡位，是丝杠、光杠变换手柄；里面的手柄有 Ⅰ、Ⅱ、Ⅲ、Ⅳ、Ⅴ 共五个挡位

D. 要求在刀架转位前就把中滑板向后退出适当距离

E. 如果刻度盘多转动了 6 格，则应直接退回 6 格

F. 当刀架纵向快速移到离卡盘或尾座有一定距离时，应立即放开快速移动按钮，停止快速移动，变成纵向机动进给，以避免刀架因来不及停止而撞击卡盘或尾座

三、简答题

1. 在图 1-16 中指出车削时工件上形成的三个表面的位置。

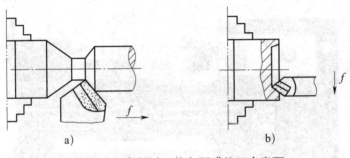

图 1-16　车削时工件上形成的三个表面

2. 查阅资料，在表 1-7 中填写纵向进给量为 0.1 mm/r 时车床各手柄和手轮的位置。

表 1-7　车床各手柄和手轮的位置

图示	各手柄和手轮的位置
加大螺距及左、右螺纹变换手柄 1/1　　　　1/1 X/1　　　　X/1	加大螺距及左、右螺纹变换手柄的位置：_____ _____

续表

图示	各手柄和手轮的位置
	里手柄的位置：_____ 外手柄的位置：_____
	进给量和螺距变换手轮的位置：_____ _____

3. 在表 1-8 中分别写出车床各刻度盘的使用方法。

表1-8　车床各刻度盘的使用方法

名称	图示	使用方法
床鞍 刻度盘		床鞍向左纵向进给 100 mm，床鞍刻度盘_____时针转过_____格

续表

名称	图示	使用方法
中滑板刻度盘		中滑板横向进给 1 mm，中滑板刻度盘_____时针转过_____格
小滑板刻度盘		小滑板向左纵向进给 1 mm，小滑板刻度盘_____时针转过_____格

4. 简述车床启动前的准备步骤。

任务㈣ 装卸三爪自定心卡盘的卡爪

任务描述

通过拆卸及安装三爪自定心卡盘的卡爪,了解三爪自定心卡盘的规格和结构,识别三爪自定心卡盘卡爪的号码,具备快速装卸三爪自定心卡盘卡爪的技能。

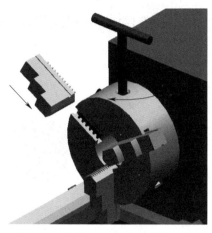

本任务的重点是三爪自定心卡盘卡爪的拆装方法。在拆装前应先了解三爪自定心卡盘的结构,弄清楚三爪自定心卡盘拆装的注意事项,安装卡爪时要注意卡爪上的号码并按顺序装配,如图1-17所示。

图1-17 安装三爪自定心卡盘的卡爪

任务准备

准备木板、煤油、一字旋具、铜棒、内六角扳手。

任务实施

一、新课准备

通过观察生活、深入生产实际以及在互联网上收集资料等,有条件的同学可以拍些照片,进行交流及讨论,举例说明卡盘的类型和规格以及卡爪的类型。

二、理论学习

认真听课,配合教师的提问、启发和互动,回答以下问题:

1. 三爪自定心卡盘卡爪的类型和用途是什么？

2. 在图 1-18 下的横线上写出三爪自定心卡盘组成部件的名称。

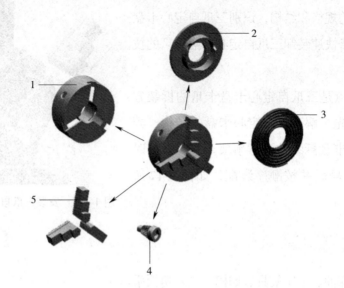

图 1-18　三爪自定心卡盘的组成部件

1—_____　　2—_____　　3—_____

4—_____　　5—_____

三、实践操作

1. 关闭机床电源后，教师实地拆装及讲解。同组同学认真观看，拆装三爪自定心卡盘的卡爪。

2. 清洗、擦净、识别，并按顺序排列好 1 号卡爪、2 号卡爪和 3 号卡爪，如图 1-19 所示。

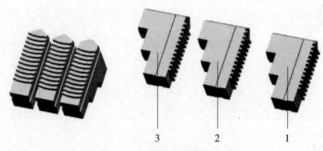

图 1-19　按顺序排列卡爪

1—1 号卡爪　2—2 号卡爪　3—3 号卡爪

3. 独立进行拆卸练习后，清理卡爪，认真观察三个卡爪的区别和标识，安装三爪自定心卡盘的卡爪，并对安装后的情况进行评价。

操作提示

注意在靠近主轴处的床身导轨上垫一块木板，避免卡爪掉下砸伤车床导轨。

任务测评

每位同学完成操作后，认真填写操作情况记录表，见表1-9。

表1-9 操作情况记录表

工作内容	完成情况	存在问题	改进措施
卡爪的识别与排序			
卡爪的拆卸与安装			
安全文明生产			
教师评价	教师： 年 月 日		

课后小结

试结合本任务完成情况，从卡爪的识别、卡爪的装卸方法、卡爪的装卸完成质量、安全文明生产和团队协作等方面撰写工作总结。

巩固与提高

一、判断题（正确的打"√"，错误的打"×"）

1. 卡盘高速旋转时必须夹持着工件，否则卡爪会在离心力作用下飞出伤人。（　　）

2. 三爪自定心卡盘的极限转速 $n<1\ 800$ r/min。 （　　）

3. 卡盘扳手用后不必立即取下。 （　　）

4. 三爪自定心卡盘是车床上应用最广泛的一种通用夹具。 （　　）

二、选择题（将正确答案的代号填入括号内）

三爪自定心卡盘常用的规格有（　　　）。

A. $\phi150$ mm 　　　B. $\phi200$ mm 　　　C. $\phi250$ mm 　　　D. $\phi300$ mm

三、简答题

1. 简述卡爪安装前的准备工作。

2. 简述识别三爪自定心卡盘卡爪号码的方法。

3. 三爪自定心卡盘正卡爪和反卡爪各适合夹持哪种工件？

4. 根据表 1-10 中的图示填写拆装三爪自定心卡盘卡爪的操作内容。

表 1-10 拆装三爪自定心卡盘卡爪的操作内容

操作过程图示	操作内容
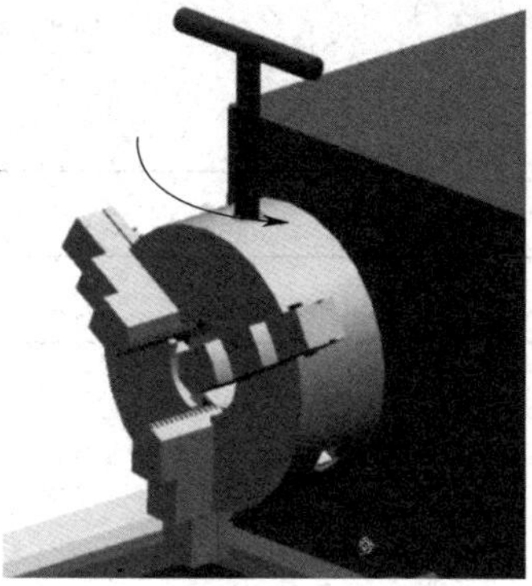	（1） _____
	（2） _____
	（3） _____
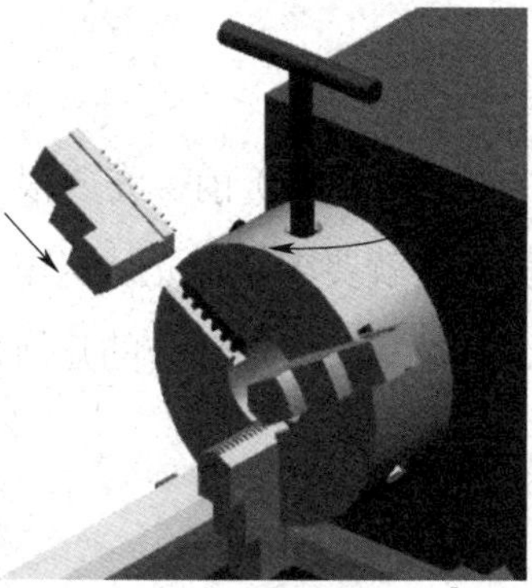	（4） _____

续表

操作过程图示	操作内容
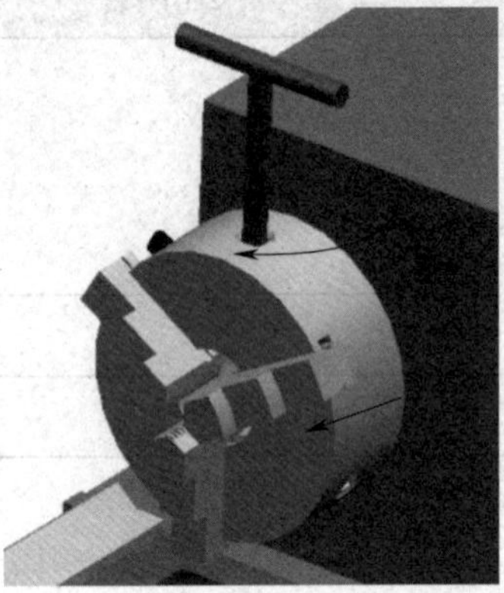	（5）_____ _____ _____
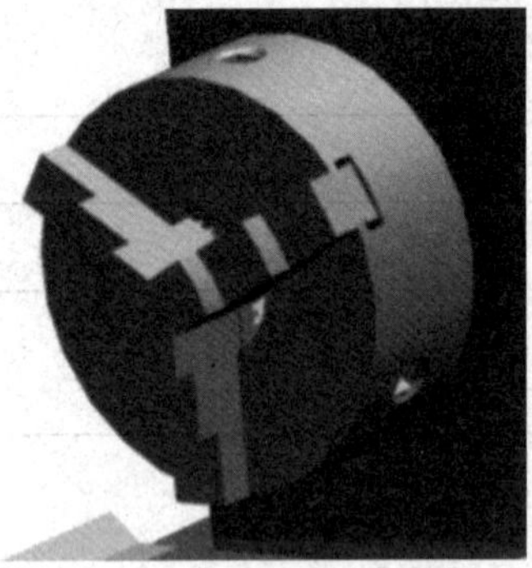	（6）_____ _____ _____

任务五　认 识 车 刀

任务描述

　　将图 1-20a 所示的粗糙的锻造毛坯加工成零件（见图 1-20b）前，先要根据其形状和精度要求选用合适的车刀，合理地确定车刀几何角度。这就要求必须先认识车刀，了解常用车刀的种类和用途、常用车刀材料的种类和应用，掌握车刀切削部分的几何角度及其主要作用，并能根据工件的加工要求合理选择车刀。

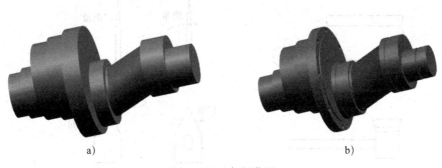

图 1-20 车削曲轴
a）锻造毛坯 b）成品零件

学习车刀的知识时可参照以下步骤：

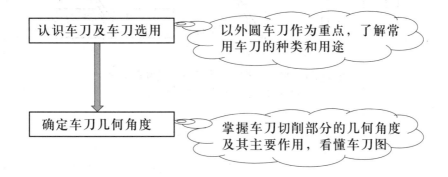

任务准备

准备常用的不同种类的车刀。

任务实施

一、新课准备

1. 观察思考：切蔬菜、肉和骨头时是否使用同一把刀？若使用不同的刀，说明选用不同刀的原则是什么？

2. 观察思考：日常生活中处处可见的菜刀、斧头、木工刨刀都是切削工具，而这些切削工具都具有相应的切削角度。从图 1-21 可以看到，菜刀、斧头、木工刨刀的楔角是不一样的。斧头的楔角最大，木工刨刀次之，菜刀最小。想一想这是为什么？再考虑车削工件用的车刀，它的前角和楔角各有什么特点？

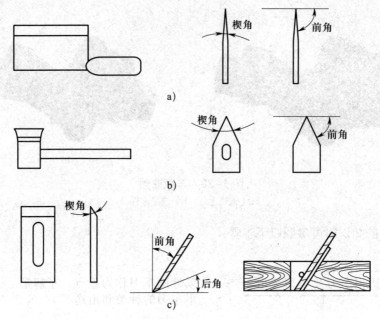

图 1-21　菜刀、斧头、木工刨刀的切削角度

a）菜刀　b）斧头　c）木工刨刀

二、理论学习

认真听课，配合教师的提问、启发和互动，回答以下问题：

1. 简述常用焊接车刀的种类。

2. 简述 45°车刀（弯头车刀）的用途。

3. 如图 1-22 所示，在方框中填全车刀的结构。

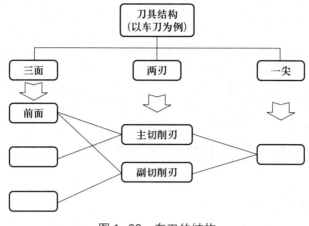

图 1-22　车刀的结构

4. 什么是主切削刃？其用途是什么？

5. 为了测量车刀的角度，假想了哪三个基准坐标平面？

6. 车刀切削部分有哪六个独立的基本角度？

7. 什么是车刀的主偏角？如何选择车刀的主偏角？

8. 车刀切削部分的材料必须具备的基本性能是什么？车刀切削部分常用的材料有哪些？

三、实践操作

1. 用规定的刀具角度符号在图 1–23 中填出该车刀的六个基本角度。

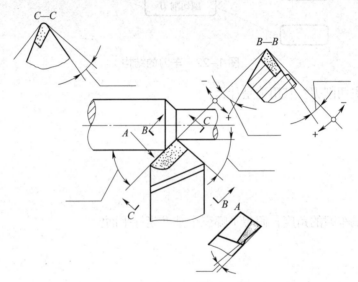

图 1–23　车刀的基本角度

2. 如何用右手判别左车刀和右车刀？

3. 识读图 1–23，试对车刀角度和车刀材料进行选择，填入表 1–11 中。已知工件材料为 45 钢（中碳钢）。

表 1–11　车刀角度和车刀材料的选用

加工性质	车刀角度 / (°)						车刀材料
	主偏角 κ_r	副偏角 κ_r'	前角 γ_o	主后角 α_o	副后角 α_o'	刃倾角 λ_s	
粗车							
精车							

💬 任务测评

每位同学完成操作后，认真填写操作情况记录表，见表1-12。

表1-12 操作情况记录表

工作内容	完成情况	存在问题	改进措施
车刀种类的区分			
车刀切削部分几何要素的识别			
三个基准坐标平面的区分			
车刀切削部分的几何角度及其主要作用			
常用车刀材料			
区分左车刀和右车刀			
教师评价	教师： 年 月 日		

🎨 课后小结

试结合本任务完成情况，从车刀的种类、车刀的几何要素、车刀的材料、安全文明生产和团队协作等方面撰写工作总结。

📚 课后阅读

在互联网上键入关键词"新型硬质合金不重磨车刀"，搜索相关图片，课前或课间用多媒体设备播放，也可以打印出来在学生间传阅。

巩固与提高

一、填空题（将正确答案填写在横线上）

1. 主偏角：_____与_____间的夹角，在_____中测量。

2. 副偏角：_____与_____间的夹角，在_____中测量。

3. 前角：_____与_____间的夹角，在_____中测量。

4. 主后角：_____与_____间的夹角，在_____中测量。

5. 刃倾角：_____与_____间的夹角，在_____中测量。

6. 补全表 1–13 中硬质合金的用途和适用的加工阶段。

表 1–13　各类硬质合金的用途、性能、适用的
加工阶段、牌号以及对应的旧牌号

类别	用途	常用牌号	性能		适用的加工阶段	对应的旧牌号
			耐磨性	韧性		
K 类（钨钴类）		K01				YG3
		K20	↑	↓		YG6
		K30				YG8
P 类（钨钛钴类）		P01				YT30
		P10	↑	↓		YT15
		P30				YT5

续表

类别	用途	常用牌号	性能		适用的加工阶段	对应的旧牌号
			耐磨性	韧性		
M类〔钨钛钽（铌）钴类〕		M10				YW1
			↑	↓		
		M20				YW2

二、判断题（正确的打"√"，错误的打"×"）

1. 75°车刀由三个刀面、两条切削刃和一个刀尖组成。 （   ）

2. 圆弧过渡刃又称刀尖圆弧，一般硬质合金车刀的刀尖圆弧半径 r_ε=0.5~1 mm。 （   ）

3. 通过切削刃上某选定点，垂直于该点主运动方向的平面称为切削平面。 （   ）

4. 车刀切削刃可以是直线，也可以是曲线。 （   ）

5. 前角的增大能增大切削变形，可使切削省力。 （   ）

6. 负刃倾角能提高切削刃的强度，使车刀耐冲击。 （   ）

7. 负刃倾角可提高刀头强度，刀尖不易折断。 （   ）

8. 在车刀切削部分的基本角度中，前角、后角和刃倾角没有正负值规定。 （   ）

9. 主偏角、副偏角有正负值规定。 （   ）

10. 当刀尖位于主切削刃的最高点时，刃倾角为负值。 （   ）

11. 硬质合金刀具的缺点是韧性较差，承受不了较大的冲击力。 （   ）

12. 高速钢刀具不仅可用于冲击较大的场合，也常用于高速切削。 （   ）

三、选择题（将正确答案的代号填入括号内）

1. （   ）车刀主要用来车削工件的外圆、台阶和端面。

A. 90°   B. 75°   C. 45°

2. 刀具上与工件过渡表面相对的刀面称为（   ）。

A. 前面   B. 主后面   C. 副后面

3. 刀具上的主切削刃担负着主要的切削工作，在工件上加工出（　　　）。

　A. 待加工表面　　　　B. 过渡表面　　　　C. 已加工表面

4. 对于车削，一般可认为（　　　）是铅垂面。

　A. 基面和切削平面　　B. 基面和正交平面　　C. 切削平面

5. 加工台阶轴时车刀的主偏角 κ_r 应选为（　　　）。

　A. 45°　　　　　　　B. 60°　　　　　　　C. 等于或大于 90°

6. 在基面内测量的基本角度是（　　　）。

　A. 刀尖角　　　　　　B. 刃倾角　　　　　　C. 主偏角

7. 车削塑性大的材料时可选（　　　）前角。

　A. 较大的　　　　　　B. 较小的　　　　　　C. 0°

8. 刃倾角 λ_s 为正值时，切屑排向工件的（　　　）。

　A. 待加工表面　　　　B. 已加工表面　　　　C. 过渡表面

9. 车削时切屑排向工件已加工表面的车刀，其刀尖位于主切削刃的（　　　）点。

　A. 最高　　　　　　　B. 水平　　　　　　　C. 最低

10. （　　　）硬质合金刀具适用于加工钢或其他韧性较大的塑性金属，不宜用于加工脆性金属。

　A. K 类　　　　　　　B. P 类　　　　　　　C. P 类和 M 类

11. 粗车铸铁应选用牌号为（　　　）的硬质合金车刀。

　A. K01　　　　　　　B. K30　　　　　　　C. P01

12. 精车 45 钢台阶轴时应选用牌号为（　　　）的硬质合金车刀。

　A. K01　　　　　　　B. K30　　　　　　　C. P01

四、简答题

1. 简述 45° 车刀（弯头车刀）的用途。

2. 车刀由哪两部分构成？各自的用途是什么？

3. 什么是主切削刃？其用途是什么？

4. 图 1-24 所示为车刀的结构，在图下的横线上填写车刀切削部分各几何要素的名称。

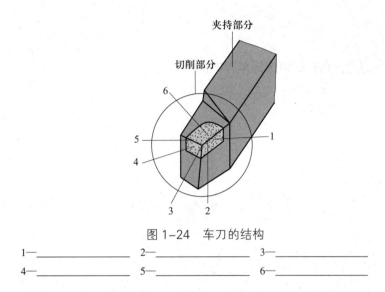

图 1-24 车刀的结构

1—_____   2—_____   3—_____
4—_____   5—_____   6—_____

5. 以图 1-25 所示的 45° 车刀和切断刀为例，说明车刀切削部分几何要素的名称。

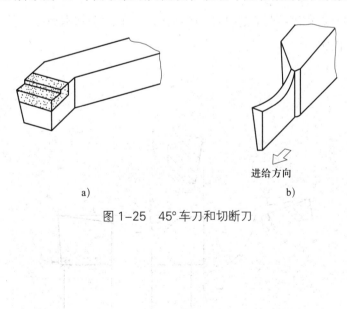

a)   b)

图 1-25 45° 车刀和切断刀

6. 什么是车刀的主偏角？如何选择车刀的主偏角？

7. 什么是车刀的前角？如何选择车刀的前角？

8. 用规定的刀具角度符号在图 1-26 中填出车刀的六个基本角度，并判断出车刀角度所在的基准坐标平面。

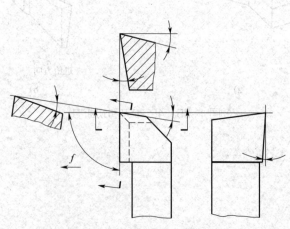

图 1-26　车刀的六个基本角度

9. 车刀切削部分的材料必须具备的基本性能是什么？常用的材料有哪些？

任务六 刃磨车刀

任务描述

本任务将以90°硬质合金焊接车刀为例，练习车刀的刃磨，然后扩展到45°车刀，应能根据要求正确刃磨车刀。作为车工，必须掌握手工刃磨车刀的技能。

学习手工刃磨90°车刀的知识和技能时可参照以下步骤：

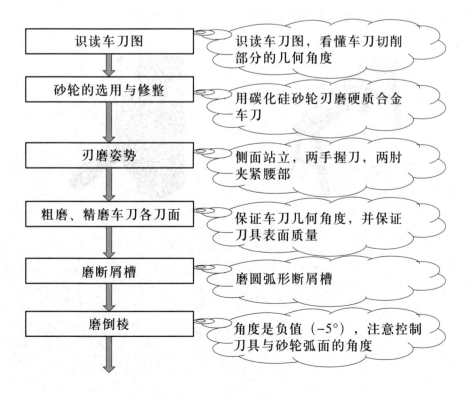

识读车刀图 → 识读车刀图，看懂车刀切削部分的几何角度

砂轮的选用与修整 → 用碳化硅砂轮刃磨硬质合金车刀

刃磨姿势 → 侧面站立，两手握刀，两肘夹紧腰部

粗磨、精磨车刀各刀面 → 保证车刀几何角度，并保证刀具表面质量

磨断屑槽 → 磨圆弧形断屑槽

磨倒棱 → 角度是负值（-5°），注意控制刀具与砂轮弧面的角度

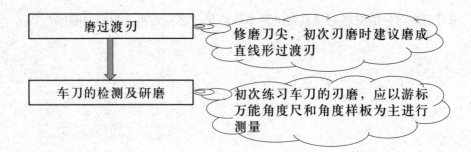

图框：磨过渡刃 —— 修磨刀尖，初次刃磨时建议磨成直线形过渡刃

车刀的检测及研磨 —— 初次练习车刀的刃磨，应以游标万能角度尺和角度样板为主进行测量

任务准备

一、工具

准备 20 mm×20 mm×150 mm 的 45 钢的钢条和 90° 硬质合金焊接车刀。

二、设备

准备若干台砂轮机。

三、量具和油石

准备角度样板、游标万能角度尺、油石。

任务实施

一、新课准备

回顾：如图 1-27 所示，说说菜刀是怎么磨的？车刀的刃磨与其有什么区别？刃磨图 1-27b 所示的车刀时双手应如何正确握刀？双脚应如何站立？

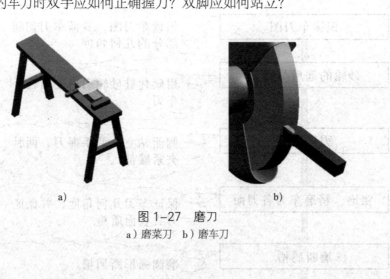

a)　　　　　　　　b)

图 1-27　磨刀
a）磨菜刀　b）磨车刀

二、理论学习

认真听课，配合教师的提问、启发和互动，回答以下问题：

1. 简述砂轮的种类、颜色和适用场合，填入表 1–14 中。

表 1–14　砂轮的种类、颜色和适用场合

砂轮的种类	颜色	适用场合

2. 在横线上写出图 1–28 所示砂轮机各组成部分的名称。

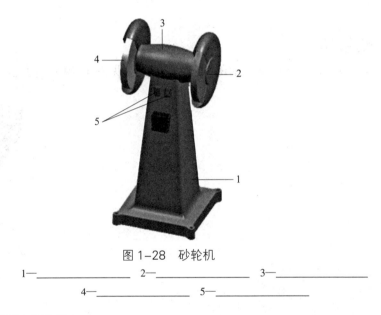

图 1–28　砂轮机

1—＿＿＿＿＿＿＿＿＿　2—＿＿＿＿＿＿＿＿＿　3—＿＿＿＿＿＿＿＿＿

4—＿＿＿＿＿＿＿＿＿　5—＿＿＿＿＿＿＿＿＿

3. 如何正确使用砂轮机?

4. 简述刃磨车刀时的正确姿势。

5. 如何正确测量车刀角度？

三、实践操作

1. 观察：观察高年级同学刃磨的 90° 外圆车刀（见图 1-29），简述其刃磨要点。

图 1-29　90° 外圆车刀

2. 同组同学讨论：90° 硬质合金车刀上要求刃磨的角度有哪些？大小为多少？如何保证这些角度？

讨论决定：在刃磨刀柄和刀头部位时应分别选用哪种砂轮？

3. 对照车刀刃磨步骤，填写各刀面粗磨和精磨时的要求与方法。

（1）粗磨各刀面

刃磨要求：_____

_____

刃磨方法：_____

_____

（2）精磨主后面（见图1-30）

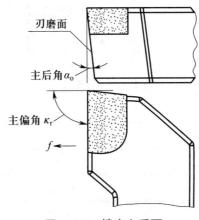

图1-30 精磨主后面

刃磨要求：_____

_____

刃磨方法：_____

_____

（3）精磨副后面（见图1-31）

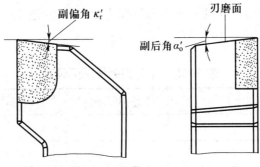

图1-31 精磨副后面

刃磨要求：_____

_____

刃磨方法：_____

_____

（4）精磨前面（见图1-32）

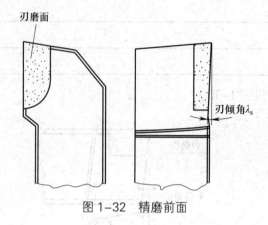

刃磨面

刃倾角λ_s

图1-32　精磨前面

刃磨要求：_____

_____

刃磨方法：_____

_____

_____

💡 操作提示

严格按照教师的示范进行操作，尤其要注意安全防护以及在刃磨过程中的注意事项和操作规范。

4. 用角度样板或游标万能角度尺对刃磨后的车刀角度进行测量。

💬 任务测评

每位同学完成操作后，仔细检查所刃磨车刀是否符合要求，填写车刀刃磨情况记录表，见表1-15。

表1-15　车刀刃磨情况记录表

工作内容	完成情况	存在问题	改进措施
磨主后面			
磨副后面			
磨前面			
磨断屑槽			
磨负倒棱			

续表

工作内容	完成情况	存在问题	改进措施
磨过渡刃			
研磨车刀			
测量车刀角度			
安全文明生产			
教师评价			
	教师：		年 月 日

课后小结

　　试结合本任务完成情况，从砂轮的种类、车刀刃磨要求、车刀刃磨质量、安全文明生产和团队协作等方面撰写工作总结。

巩固与提高

一、判断题（正确的打"√"，错误的打"×"）

1. 刃磨时，车刀应放在砂轮水平中心位置，刀尖略微上翘 3°～8°。　　（　　）

2. 如果砂粒飞入眼中，不能用手去擦，应立即去医务室将其清除干净。　　（　　）

3. 刃磨 90° 车刀断屑槽时，起点位置应该与刀尖、主切削刃离开一定距离，防止将主切削刃和刀尖磨塌。　　（　　）

4. 一般用砂轮端面磨削车刀的前面。　　（　　）

5. 车刀断屑槽要一次刃磨成形。　　（　　）

6. 用油石研磨车刀时，手持油石在切削刃上来回移动，动作应平稳，用力应均匀。

　　（　　）

7. 粗磨车刀副后面时，能同时磨出副偏角和副后角。　　（　　）

二、选择题（将正确答案的代号填入括号内）

刃磨 90° 硬质合金焊接车刀时，其刀柄部分可选用粒度为（　　）的（　　）；粗磨车刀切削部分时宜选用粒度为（　　）的（　　）；精磨车刀切削部分时宜选用粒度为（　　）的（　　）。

A. F36～F60

B. F24～F36

C. F220

D. 绿色碳化硅砂轮

E. 白色氧化铝砂轮

三、简答题

1. 如何正确检查及使用新砂轮？

2. 简述刃磨车刀时的正确姿势。

3. 如何刃磨车刀的过渡刃？

四、实训题

1. 观察图 1-33 所示高年级同学刃磨的 45° 外圆车刀。

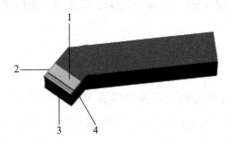

图 1-33　45° 外圆车刀（一）
1—前面　2、4—副后面　3—主后面

2. 按图 1-34 所示的要求刃磨 45° 外圆车刀。

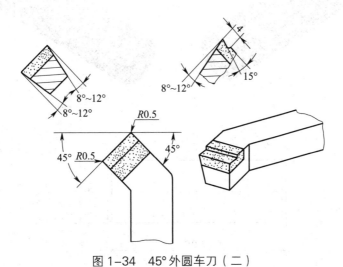

图 1-34　45° 外圆车刀（二）

3. 比较 45° 车刀和 90° 车刀刃磨的相同点和不同点。

任务七　手动进给车削体验

任务描述

　　用任务六中磨好的车刀车削轴类工件中最简单的一种轴——光轴（见图 1-35），掌握切削用量的选择方法，并能正确装夹车刀，能按图样的尺寸要求独立完成光轴的车削，体验手动进给车削外圆、端面和倒角的方法。

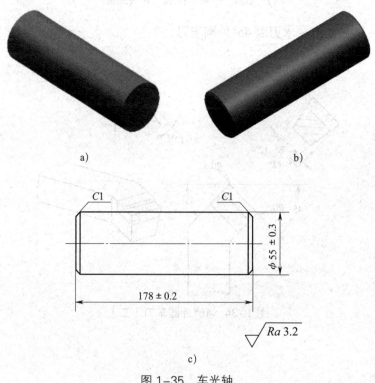

a)　　　　　　　　　　　　　　b)

c)

图 1-35　车光轴
a）毛坯　b）光轴　c）光轴零件图

学习手动进给车削的知识和技能时可参照以下步骤：

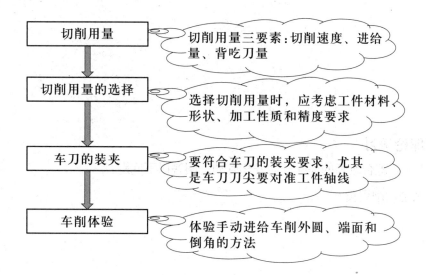

任务准备

一、工件

毛坯尺寸：$\phi 60$ mm × 180 mm。材料：45 钢。数量：1 件 / 人。

二、工艺装备

准备 90° 车刀、钢直尺、分度值为 0.02 mm 的 0 ~ 200 mm 游标卡尺、50 ~ 75 mm 千分尺、0.2 mm × 25 mm × 140 mm 的铜皮。

三、设备

准备 CA6140 型卧式车床。

任务实施

一、新课准备

1. 收集公差配合与技术测量课程中尺寸精度和表面粗糙度方面的相关知识。

2. 收集金属材料与热处理课程中有关调质的相关知识。

二、理论学习

认真听课，配合教师的提问、启发和互动，回答以下问题：

1. 什么是切削用量？

2. 什么是切削速度？车削时切削速度的计算公式是什么？工件转速与切削速度的关系如何？在图 1-36 所示的切削速度示意图中，若工件转速 $n=600$ r/min，工件直径 $d=60$ mm，切削速度应是多少？

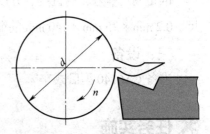

图 1-36　切削速度示意图

3. 粗车时如何正确选择切削速度？

4. 如何正确装夹车刀?

三、实践操作

1. 仔细观察教师粗车、精车光轴一端外圆的操作步骤，掌握操作要点和注意事项。

2. 可从以下几点进行观察、思考和讨论:

（1）装夹工件的要点是什么?

操作提示

　　工件的装夹一定要牢固，防止其在加工过程中飞出，造成伤害。在操作过程中安全始终是第一位的。

　　（2）简述装夹90°车刀时刀尖对准工件轴线的方法、刀具紧固及刀具角度调整的方法。

（3）调整车床的过程中选择机床主轴转速和进给量的原则是什么？怎样调整手柄位置？

（4）观察教师进行外圆试车削时对刀的动作和方法以及进刀方向。

（5）简述粗车及精车一端外圆时两者的区别和倒角的步骤。

（6）车削端面时控制工件总长的注意事项有哪些？

3. 小组合作，粗车、精车工件的另一端外圆。

4. 小组合作，进行尺寸检测，最终交给教师检测并点评。

5. 在教师指导下，通过与表面粗糙度比较样块（见图1-37）进行对比，目测工件的表面粗糙度是否符合要求。

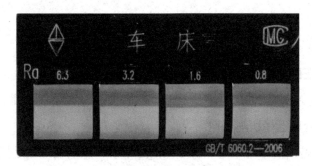

图 1-37 表面粗糙度比较样块（局部）

💬 任务测评

每位同学完成操作后，卸下工件，仔细测量，看其是否符合图样要求，针对出现的质量问题，填写加工情况记录表（见表 1-16），对练习工件进行评价。

表 1-16 加工情况记录表

工作内容	加工情况	存在问题	改进措施
工件的装夹			
90° 车刀的装夹			
调整车床			
一端外圆 ϕ（55 ± 0.3）mm			
总长（178 ± 0.2）mm			
另一端外圆 ϕ（55 ± 0.3）mm			
教师评价	教师：　　　　　　　　　　　　　年　月　日		

📖 课后小结

试结合本任务完成情况，从切削用量的选择、车刀的装夹、光轴的车削质量、安全文明生产和团队协作等方面撰写工作总结。

巩固与提高

一、判断题（正确的打"√"，错误的打"×"）

1. 切削用量直接影响工件加工质量、刀具的磨损和刀具寿命、机床的动力消耗和生产效率。因此，必须合理选择切削用量。（　　）

2. 纵向进给量是指沿车床床身导轨方向的进给量，横向进给量是指垂直于车床床身导轨方向的进给量。（　　）

3. 粗车时一般多采用较小的进给量。（　　）

4. 半精车和精车时若用硬质合金车刀车削，最后一刀的背吃刀量不宜太小，以 0.1 mm 为宜。（　　）

5. 用高速钢车刀精车时宜采用较高的切削速度。（　　）

6. 若车刀刀尖没有对准工件轴线，在车至工件端面中心时会留有凸台。（　　）

7. 如果计算所得的车床转速与车床铭牌上所列的转速有出入，应选取铭牌上与计算值接近的转速。（　　）

8. 用硬质合金车刀精车时，一般多采用较高的切削速度（80 m/min 以上）；用高速钢车刀精车时宜采用较低的切削速度。（　　）

9. 车刀装夹在刀架上的伸出部分应尽量短，以提高车刀的刚度。（　　）

二、选择题（将正确答案的代号填入括号内）

1. 切削用量包括（　　）。

A. 切削速度　　　　　　B. 进给量　　　　　　C. 背吃刀量

2. 车削光轴时若端面凹凸不平，原因是（　　）。

A. 背吃刀量过大

B. 车刀磨损

C. 床鞍没有锁紧，刀架和车刀紧固力不足而产生位移

D. 使用 90° 车刀时装刀后主偏角大于 90°

三、简答题

1. 什么是切削用量？什么是切削速度？车削时切削速度的计算公式是什么？

2. 粗车时如何正确选择切削速度?

3. 精车时如何选择背吃刀量?

4. 在 CA6140 型卧式车床上车削 ϕ30 mm 外圆（毛坯直径为 40 mm），工件材料为 45 钢，粗车时一次进给车至 ϕ32 mm，选择切削速度为 90 m/min；精车时一次进给车至 ϕ30 mm，选择切削速度为 110 m/min，试确定合适的切削用量，并填入表 1-17 中。

表 1-17　切削用量的选择

加工性质	车刀材料	切削用量		
		背吃刀量 a_p/ mm	主轴转速 n/ （r·min^{-1}）	进给量 f/ （mm·r^{-1}）
粗车	硬质合金			
精车	硬质合金			

5. 车削外圆时，已知工件转速 n=320 r/min，进给量 f=0.1 mm/r，d_w=100 mm，d_m=94 mm，求切削速度 v_c 和背吃刀量 a_p。

6. 装夹车刀时应满足哪些要求？

7. 简述车削光轴时的操作注意事项。

项目二
车 台 阶 轴

任务一 选择车台阶轴用车刀

任务描述

台阶轴的加工方案如下：根据台阶轴的形状合理选择车刀→选择毛坯→正确刃磨车刀→粗车台阶轴→精车台阶轴，如图 2-1 所示。

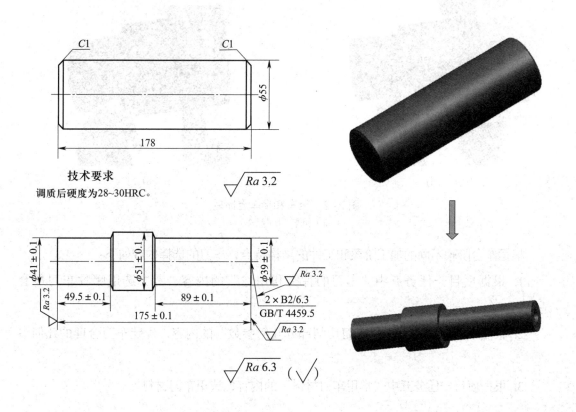

技术要求
调质后硬度为28~30HRC。

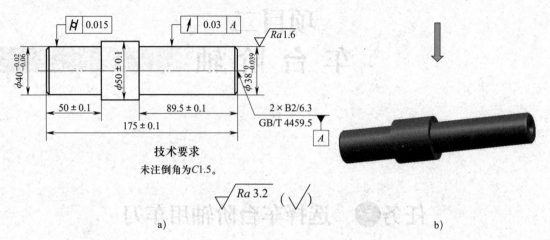

图 2-1　台阶轴的加工方案
a）零件图　b）实物图

图 2-2 所示为粗车和精车台阶轴，粗车和精车的目的不同，工件的结构特点不同，对所用车刀的要求也存在着较大的差别。

图 2-2　粗车和精车台阶轴
a）粗车　b）精车

根据车台阶轴不同的加工阶段和工件的结构特点，车刀的选择内容如下：

1. 根据项目一任务五中"车刀的种类和用途"的内容，考虑选用哪种车刀最合适。

2. 根据项目一任务五中"车刀切削部分几何参数"的内容，确定车刀合理的几何参数。

3. 根据项目一任务五中"常用车刀材料"的内容，选用车刀材料。

🌀 任务准备

准备加工台阶轴常用的 45° 车刀、90° 车刀和 75° 车刀。

✖ 任务实施

一、新课准备

1. 通过观察生活、深入生产实际以及在互联网上收集资料等，有条件的同学可以拍些照片，进行交流及讨论，试举例说明轴的常用类型。

2. 收集公差配合与技术测量课程中极限偏差方面的知识。

3. 收集机械制图课程中基准方面的知识。

4. 收集公差配合与技术测量课程中几何公差方面的知识。

5. 复习项目一中关于车刀的种类、用途、几何角度及其选择原则等内容。

二、理论学习

认真听课，配合教师的提问、启发和互动，回答以下问题：

1. 轴的精度

轴是机器中的重要零件之一，用来支承旋转零件（如带轮、齿轮等）、传递运动和转矩。轴类零件的精度要求较高，在车削时除了要保证尺寸精度和表面质量，还应保证其形状精度和位置精度。简述保证上述精度要求的方法。

2. 车台阶轴常用的车刀

（1）45°车刀的刀尖角是多少？有哪些优点？适用范围是什么？

（2）75°车刀的刀尖角是多少？有哪些优点？适用范围是什么？

（3）90°车刀有哪些优点？为什么90°车刀应用最广泛？

3. 车台阶轴用车刀的几何角度

（1）为了适应粗车时的特点，粗车刀几何角度的选择原则有哪些？

（2）精车刀几何角度的选择原则有哪些？

三、实践操作

1. 识读台阶轴图样

同组同学相互配合，根据图样要求，对图样上的尺寸要求、几何公差进行讨论，区分台阶轴上的结构要素：端面、台阶、倒角和中心孔。

讨论以下问题：

（1）外圆柱面就是外圆吗？台阶就是外圆和端面的组合吗？一个外圆就是一级台阶吗？

（2）什么是倒角？外圆上未注倒角的部分如何处理？

（3）按规定外圆两端应倒钝锐边吗？为什么？

（4）台阶轴上的基准如何标注？台阶轴上的基准是什么？

（5） $\boxed{H \mid 0.015}$ 的被测要素是 $\phi 40_{-0.06}^{-0.02}$ mm 的外圆柱面还是轴线？

（6）台阶轴的表面质量如何保证？

2. 分析车削工艺

（1）分析车削工艺方案

图 2-1 所示的台阶轴形状较简单，有两个台阶，尺寸变化不大，但精度要求较高，加工时应分粗车和精车两个阶段。因此，应根据不同的加工阶段和工件的结构特点，考虑选用哪几种车刀最合适？如何确定车刀合理的几何角度？

（2）确定台阶轴的加工方案

根据台阶轴的形状，合理选择车刀并正确刃磨车刀→粗车台阶轴→精车台阶轴。同组同学每人写出一份加工方案，相互讨论，选择最佳方案，并最终确定台阶轴的加工方案。

全班不设标准答案，不要求加工方案全部一致，各组在教师认可的情况下进行探索性加工。

3. 选择车台阶轴用车刀

同组同学相互配合，根据图样要求，对图样上的加工部位进行确定，讨论并确定所需车刀的种类和几何角度。

4. 选用车刀材料

认真听教师讲解，同组同学相互配合，结合查阅到的资料，讨论并确定所选刀具材料：车削工件的外圆、台阶和端面常选用的刀具材料是硬质合金，粗车时选用的硬质合金牌号为 P30，精车时选用的硬质合金牌号为 P01。

5. 刃磨车台阶轴用车刀

观看教师刃磨车刀的实践操作演示，在实习场地完成以下操作，并记住操作要点。

（1）会选择砂轮，能在教师指导下或由同学配合更换所需砂轮或磨损的砂轮。

（2）认真听教师讲解，注意观察教师在刃磨车刀过程中的姿势和动作。在教师示范后，每组派一名同学到砂轮间进行车刀的刃磨，同组同学相互配合，最终将所需刀具刃磨完毕。

（3）对刀具几何角度进行初步判断，然后请教师分析及讲解，对不正确或达不到要求的地方进行改进。

（4）分组刃磨 90° 硬质合金焊接车刀，通过练习掌握车刀的刃磨方法。

（5）刃磨 75° 车刀和 45° 车刀。相比之下，45° 车刀有两个刀尖，刃磨断屑槽更困难。刃磨 45° 车刀的断屑槽时，应从中心沿主切削刃方向分别向两个刀尖缓慢移动，不能用力过大。要特别注意刀尖处，避免把断屑槽的前端口磨塌。

💡 操作提示

注意安全文明操作，工作服、防护眼镜和工作帽的穿戴，以及砂轮的选择，车刀的刃磨方法和注意事项等，注意刃磨过程中的人身安全。

💬 任务测评

每位同学完成操作后，仔细检查所刃磨车刀是否符合要求，填写操作情况记录表，见表 2-1。

表 2-1 操作情况记录表

工作内容	操作情况	存在问题	改进措施
分析并写出车削工艺方案			
选择车台阶轴用车刀种类和几何参数			
选择车台阶轴用车刀材料			
刃磨车台阶轴用车刀			
安全文明生产			
教师评价			
	教师：	年 月 日	

📓 课后小结

试结合本任务完成情况，从车刀的选择、车刀的刃磨、台阶轴加工方案的制定、安全文明生产和团队协作等方面撰写工作总结。

课后阅读

认识一把较实用的横槽精车刀，如图 2-3 所示。

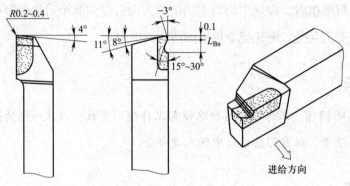

图 2-3　横槽精车刀

横槽精车刀的主要特点如下：在主切削刃上磨有较大的正刃倾角 λ_s=15°～30°，保证了切屑排向工件的待加工表面。

应注意，用这种车刀车削时只能选用较小的背吃刀量（ a_p<0.5 mm）。

巩固与提高

一、填空题（将正确答案填写在横线上）

1. 车削台阶轴时，除了保证图样上标注的尺寸精度和表面质量等要求，一般还应达到一定的形状公差和_____公差要求。

2. 车削工件，一般分_____和_____两个阶段。

3. 常用的车外圆、端面和台阶用车刀的主偏角有_____、_____和_____等几种。

4. 75° 车刀的刀尖角 ε_r_____90°，刀尖强度高，较耐用。

5. 90° 车刀因为其_____较大，不易使工件产生径向弯曲。

二、选择题（将正确答案的代号填入括号内）

1. 车削轴类工件时一般可分为（　　　）个阶段。

A. 1　　　　　　　B. 2　　　　　　　C. 3　　　　　　　D. 4

2. 要求粗车刀有足够的（　　　）。

A. 脆性　　　　　B. 塑性　　　　　C. 耐腐蚀性　　　　D. 强度

3. 粗车刀的前角、后角应磨（　　　）。

A. 大些　　　　　B. 小些　　　　　C. 成负值　　　　　D. 成0°

4. 粗车外圆时，最好选用主偏角约为（　　　）的车刀。

A. 30°　　　　　　B. 45°　　　　　　C. 75°　　　　　　D. 90°

5. 一般粗车刀采用（　　　）刃倾角，以提高刀头强度。

A. –30° ~ –10°　　　　B. –10° ~ 0°　　　　C. –3° ~ 0°　　　　D. 3° ~ 15°

三、简答题

1. 选择粗车刀几何参数的一般原则是什么？

2. 精车刀几何参数的选择原则有哪些？

3. 用45°车刀粗车端面时，如果工件材料为45钢，试在图2-4中填上45°车刀的几何参数。

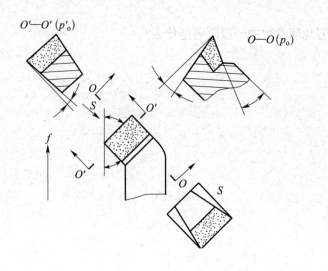

图 2-4　45°车刀的几何参数

4. 图2-5中车端面用的是哪两种车刀？它们主要适用于哪些场合？

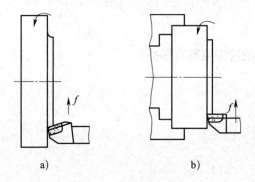

图 2-5　车端面用车刀

5. 说明图2-6、图2-7和图2-8中采用的是什么车刀？加工的是哪些表面？是如何车削的？各适用于什么场合？

图 2-6　右偏刀

车刀：_____

加工表面：_____

如何车削：_____

_____

适用场合：_____

_____

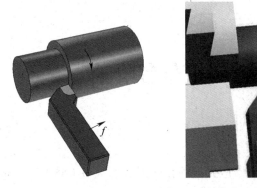

图 2-7　左偏刀

车刀：_____

加工表面：_____

如何车削：_____

_____

适用场合：_____

_____

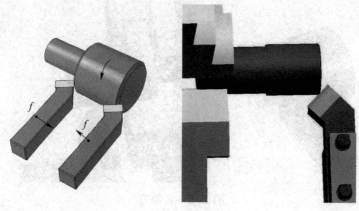

图 2-8　45°车刀

车刀：_____

加工表面：_____

如何车削：_____

_____

适用场合：_____

_____

任务二　粗车台阶轴

🔧 任务描述

　　车削项目二任务一中的台阶轴时，应先把项目一任务七中 ϕ（55±0.3）mm×（178±0.2）mm 的光轴按图 2-9 所示的粗车台阶轴工序图粗车成形。

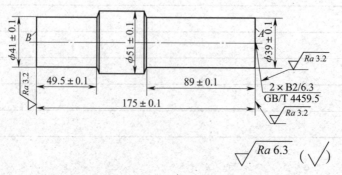

a)

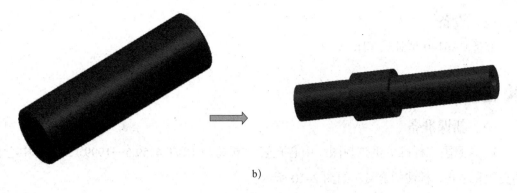

b)

图2-9 粗车台阶轴工序图

a）零件图 b）实物图

在粗车台阶轴的过程中，要学会使用一夹一顶装夹工件的方法，熟悉车床的尾座和后顶尖结构，掌握钻中心孔的技能，合理选择粗车时的切削用量，熟练使用游标卡尺测量粗车后工件的尺寸。

学习粗车台阶轴的知识和技能时可参照以下步骤：

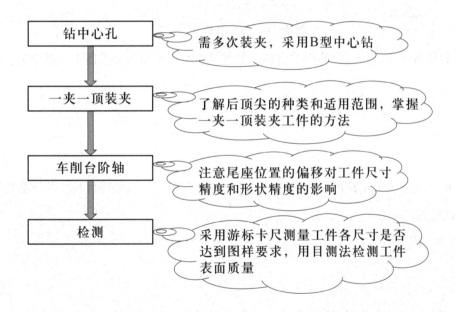

任务准备

一、工件

毛坯尺寸：ϕ（55 ± 0.3）mm×（178 ± 0.2）mm。材料：45钢。数量：1件/人。

二、工艺装备

准备三爪自定心卡盘、钻夹头、B2.0 mm/8.0 mm中心钻、回转顶尖、钢直尺、分度值为0.02 mm的0~200 mm游标卡尺。

将45°车刀和75°车刀装夹在刀架上，并将刀尖对准工件轴线。

三、设备

准备 CA6140 型卧式车床。

✖ 任务实施

一、新课准备

1. 参照国家标准《机械制图　中心孔表示方式》（GB/T 4459.5—1999），了解中心孔的类型和中心孔标注的含义，如图 2-10 所示。

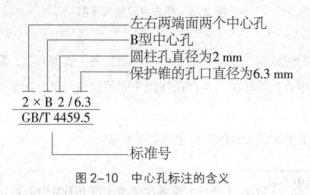

图 2-10　中心孔标注的含义

2. 收集各种类型后顶尖的相关资料，尤其是新型镶硬质合金后顶尖、反顶尖、大端面顶尖等。

3. 收集数显游标卡尺的相关资料，目的是简单了解并认识先进量具，并学会在实践操作中正确使用。

4. 复习项目一中切削用量的基本概念和切削用量的选择原则等内容。

二、理论学习

认真听课，配合教师的提问、启发和互动，学习相关知识并回答以下问题：

1. 一夹一顶装夹工件

（1）车削时，工件必须在车床夹具中定位并夹紧，工件装夹是否正确、可靠将直接影响加工质量和生产效率，因此必须掌握轴类工件的各种装夹方法和特点。

（2）工件定位和夹紧的概念是什么？两者是否相同？

（3）联系生产实践，学习最常用的装夹方法——三爪自定心卡盘装夹，试分析该装夹方法的应用特点。

（4）一夹一顶装夹方法的优点有哪些？

2. 尾座和后顶尖

（1）知识点串联：一夹一顶装夹方法→顶尖→后顶尖→尾座。

（2）尾座的结构是怎样的？使用原理是什么？

（3）后顶尖中固定顶尖的特点是什么？适用于什么场合？

（4）回转顶尖与固定顶尖相比有什么优缺点？

3. 钻中心孔

（1）知识点串联：一夹一顶装夹方法→顶尖→中心孔（按教材表2-2学习 A 型、B 型、C 型、R 型四种中心孔的结构特点、作用、适用场合）→中心钻→钻中心孔的方法。

（2）国家标准中规定中心孔有哪四种类型？各自的适用场合和结构是怎样的？

（3）简述钻中心孔的方法。

（4）钻中心孔时容易出现的问题以及产生原因是什么？

4. 粗车时切削用量的选择

粗车端面和外圆时背吃刀量、进给量、切削速度的选择顺序是什么？大小为多少？

5. 工件的测量

（1）测量外径时一般选用哪几种量具？哪种量具测量精度高？为什么？

（2）测量台阶长度时选用什么量具？各适用于什么场合？

（3）观察及了解游标卡尺的构造→结构特点→主标尺和游标尺刻线→游标尺刻度值→读数方法→使用方法。

（4）教师提前准备好轴类工件4～6件，分度值为0.02 mm、0.05 mm的游标卡尺各三把，25～50 mm、50～75 mm千分尺各三把。

1）将学生分为三组。

2）指定工件上某几个尺寸，在教师的指导下进行测量，并记录结果。

3）把各组测量结果汇总并进行比较。

4）分析读数不同的原因。

5）得出结论：被测尺寸的正确数值 = 正确的测量方法 + 正确的读数方法。

（5）游标卡尺的正确使用

1）测量前先检查并校准零位。

2）测量时移动游标尺并使量爪与工件被测表面保持良好接触，最好把制动螺钉旋紧后再读数，以防止尺寸变动，使读数不准。

3）用游标卡尺测量内部尺寸时，将两量爪插入所测部位，这时主标尺不动，将游标尺做适当调整，使测量面与工件轻轻接触，切不可预先调好尺寸硬去卡工件。同时，测量力要适当，测量力太大会造成游标卡尺倾斜，产生测量误差；测量力太小，游标卡尺的量爪与工件接触不良，导致测量尺寸不正确。

三、实践操作

1. 识读粗车台阶轴工序图

（1）在图2-9中，台阶轴的哪几个尺寸是最终尺寸？

（2）在图 2-9 中，台阶轴的哪几个尺寸需要通过精车保证？粗车工序如何处理最终尺寸？

（3）台阶轴的直径尺寸和台阶长度所留的精车余量分别是多少？

2. 工艺分析

（1）讨论 45° 硬质合金车刀、75° 硬质合金粗车刀、90° 硬质合金精车刀几何角度的异同点，哪把车刀更适合粗车台阶轴？哪把车刀更适合精车台阶轴？

（2）若车出工件的右端直径小，左端直径大，尾座应向哪个方向移动？试画图表示。

3. 车削步骤

观看教师进行台阶轴车削的实践操作演示，在实习场地完成以下操作，并记住操作要点。

（1）安装车刀并调整切削用量

同组同学相互配合，将选择好的车刀依次安装到车床刀架上，并调整主轴转速和进给量。

（2）装夹工件

同组同学相互配合，将毛坯安装在三爪自定心卡盘上，利用划针找正并夹紧。

调整工件的装夹位置，使工件的回转中心与车床主轴回转中心重合的过程称为找正。找正时通常可采用以下几种方法：

1）粗车时可通过目测或用划针找正毛坯，如图 2-11 所示。

2）精车时可用百分表找正工件外圆和端面，如图 2-12 所示。

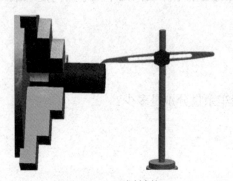

图 2-11　用划针找正

图 2-12　用百分表找正

3）装夹轴向尺寸较小的工件时，还可以先在刀架上装夹一圆头铜棒，再轻轻夹紧工件，然后使卡盘低速旋转带动工件转动，移动床鞍，使刀架上的圆头铜棒轻轻接触已粗加工的工件端面，观察工件端面大致与轴线垂直后即停止旋转，并夹紧工件，如图 2-13 所示。

（3）车削端面时的对刀方法（见图 2-14）

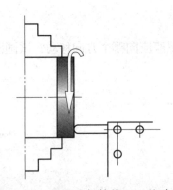

图 2-13　用圆头铜棒找正工件端面

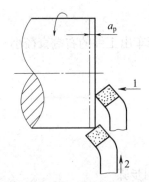

图 2-14　车削端面时的对刀方法

1）启动车床，使卡盘带动工件回转。

2）轴向移动车刀，使车刀刀尖靠近并轻轻地接触工件端面。

3）根据长度余量调整背吃刀量，然后横向进给。

（4）车削端面

同组同学相互配合，选择合适的主轴转速和进给量车削端面 A。

注意：车平即可，表面粗糙度达到要求。

（5）钻削中心孔

同组同学相互配合完成以下工作：

1）将中心钻插入钻夹头并夹紧，放入尾座套筒的锥孔中。

2）将尾座中心找正后锁紧尾座。

3）调整机床的切削用量（主轴转速一般在 1 000 r/min 以上）。

4）钻中心孔。

5）当中心钻钻入工件时，应及时加切削液冷却及润滑。

6）中途退出 1～2 次中心钻清除切屑。

7）中心孔快钻完时（A 型中心钻应钻出 60° 锥面，B 型中心钻应钻出 120° 锥面），中心钻应在原位稍停留 1～2 s 以修光中心孔，然后退出中心钻，使中心孔光洁、精确。

💡 操作提示

要严格按照操作规程进行操作，以免发生事故。

（6）检查后顶尖松紧程度（见图 2-15）

用后顶尖支承工件时，尾座套筒伸出部分应尽可能短些，后顶尖的顶紧力要适当。如果顶得太紧，工件容易弯曲变形；顶得太松，则容易引起振动。检查顶尖松紧程度的方法如下：启动车床，主轴正转，使工件带动回转顶尖旋转，用右手拇指和食指捏住回转顶尖的转动部分，顶尖能停止转动；松开手指后，顶尖又能继续转动，说明顶尖松紧适当。

图 2-15 检查后顶尖松紧程度

（7）试车削

同组同学相互配合，认真观察教师演示过程中的动作，仔细聆听教师在演示过程中的讲解。

将 75° 车刀调整到工作位置，选择合适的切削用量。启动车床，使工件回转。进行对刀操作，然后利用中滑板进刀进行试车削。

（8）定总长

同组同学相互配合，将工件掉头，找正后夹紧，车削端面 B 并保证总长。

（9）调整尾座

调整好车床尾座的前后位置，以保证工件的形状精度。同组同学相互配合，调整过程中注意安全。

（10）车左侧外圆

同组同学相互配合，利用一夹一顶方式装夹工件，粗车整段 ϕ（51±0.1）mm 的外圆和左端 ϕ（41±0.1）mm×（49.5±0.1）mm 的外圆。

车削完成并经尺寸检测合格后，去毛刺，将工件卸下。

（11）车右侧外圆

同组同学相互配合，将工件掉头，粗车右端 ϕ（39±0.1）mm×（89±0.1）mm 的外圆。

操作提示

装夹车刀和变速时要严格按照操作规程进行，以免发生事故。

任务测评

每位同学完成粗车台阶轴操作后，卸下车刀和工件，仔细测量并确定工件是否符合图样要求，填写粗车台阶轴评分表（见表2-2），对练习工件进行评价。

针对出现的质量问题分析出原因，总结出改进措施。

表2-2　粗车台阶轴评分表

序号	考核项目	考核内容和要求	配分	评分标准	检测结果	得分
1	外圆	ϕ（51±0.1）mm	10	超差不得分		
		ϕ（41±0.1）mm	10	超差不得分		
		ϕ（39±0.1）mm	10	超差不得分		
2	长度	（49.5±0.1）mm	8	超差不得分		
		（89±0.1）mm	8	超差不得分		
		（175±0.1）mm	8	超差不得分		
3	中心孔	中心孔圆整，护锥等符合要求（2处）	5×2	一处不合格扣5分		
4	表面粗糙度	$Ra \leqslant 3.2\,\mu m$（4处）	4×4	一处不符合要求扣4分		
5	倒角，去毛刺	各锐边无毛刺、有倒角	5	一处不合格扣1分		

续表

序号	考核项目	考核内容和要求	配分	评分标准	检测结果	得分
6	工具、设备的使用与维护	正确、规范使用工具、量具、刃具，并进行合理保养与维护	3	不符合要求酌情扣分		
		正确、规范使用设备，并进行合理保养与维护	3	不符合要求酌情扣分		
		操作姿势和动作规范、正确	3	不符合要求酌情扣分		
7	安全及其他	安全文明生产，遵守国家颁布的有关法规或企业自定的有关规定	3	一项不符合要求扣1分，扣完为止，发生较大事故者取消阶段练习资格		
		操作步骤和工艺规程正确	3	一处不符合要求扣1分，扣完为止		
		工件局部无缺陷		不符合要求倒扣1~10分		
8	完成时间	120 min		每超过15 min倒扣10分；超过30 min不合格		
合计			100			
教师评价		教师：			年 月 日	

课后小结

试结合本任务完成情况，从台阶轴的装夹方法、台阶轴的粗车方法、台阶轴的粗车质量、安全文明生产和团队协作等方面撰写工作总结。

课后阅读

新型中心钻

在互联网上搜索中心钻的类型，如新型的 C 型中心钻和螺旋式中心钻，如图 2-16 所示。

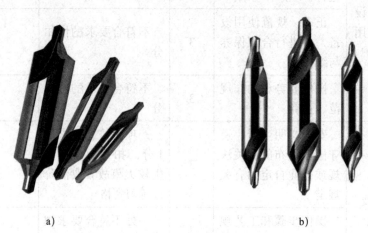

a) b)

图 2-16　C 型中心钻和螺旋式中心钻
a）C 型中心钻　b）螺旋式中心钻

巩固与提高

一、填空题（将正确答案填写在横线上）

1. 车削时，工件必须在车床夹具中定位并夹紧，工件装夹得是否正确、可靠，将直接影响_____和生产效率，应十分重视。

2. 粗车时对工件的精度要求并不高，在选择车刀和切削用量时应着重考虑_____方面的因素。

3. 国家标准规定中心孔有_____、_____、_____和_____四种。

4. 工件端面未车平或中心处留有凸台，使中心钻_____，不能准确定心而_____。

5. 装夹工件时顶尖不能与中心孔的锥孔贴合是因为_____。

6. 后顶尖有_____和_____两种。

7. 固定顶尖的特点是刚度_____，定心_____，但只适用于_____加工精度要求_____的工件。

二、判断题（正确的打"√"，错误的打"×"）

1. 切削用量选用不当，会使工件表面粗糙度达不到要求。　　　　　　（　　）

2. 粗车刀的主偏角越小越好。　　　　　　　　　　　　　　　　　　（　　）

3. 钻中心孔时不宜选择较高的机床转速。（　　）

4. 固定顶尖的刚度高，定心准确，加工出的工件精度较高，因此应用最为广泛。

（　　）

5. 固定顶尖只适用于低速加工精度要求较高的工件。（　　）

6. 回转顶尖的定心精度比固定顶尖高。（　　）

7. A 型中心钻只能用来加工 A 型中心孔，B 型中心钻只能用来加工 B 型中心孔。（　　）

8. 钻削中心孔时为防止中心钻折断，应取较低的转速，手摇尾座的进给量也应小而均匀。

（　　）

9. 钻削中心孔时为防止中心钻折断，钻完后应迅速将中心钻退出。（　　）

10. 车削外圆时，前、后顶尖未对正就会出现锥度误差。（　　）

11. 一夹一顶装夹工件，车削过程中工件从后顶尖上掉下来，是由于切削力的作用使工件产生轴向位移。（　　）

12. 当后顶尖用固定顶尖时，由于中心孔与顶尖间为滑动摩擦，故应在中心孔内加入润滑脂。（　　）

三、选择题（将正确答案的代号填入括号内）

1. A 型、B 型、C 型中心孔的锥孔一般为（　　）。

A. 30°　　　　　　　B. 40°　　　　　　　C. 50°　　　　　　　D. 60°

2. 当工件的精度要求较高或工序较多时，可选用（　　）中心钻。

A. A 型　　　　　　　B. B 型　　　　　　　C. C 型　　　　　　　D. R 型

3. 调整锥度时，如果车出工件（　　）直径大，（　　）直径小，尾座应向操作者方向移动；若车出工件（　　）直径小，（　　）直径大，则尾座移动方向相反。

A. 左端　　　　　　　　　　　　B. 右端

四、简答题

1. 导致中心钻折断的原因有哪些？

2. 粗车时切削用量如何选择？

3. 图 2-17 所示采用什么刀具车端面？车削时应操作车床的哪个手柄？往哪个方向进给？具体的步骤是什么？

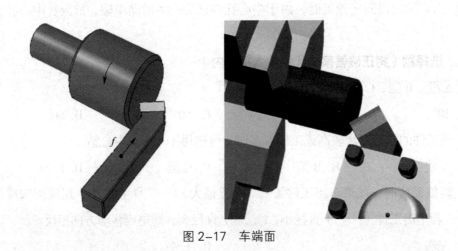

图 2-17 车端面

4. 图 2-18 所示为外圆车削中的哪个步骤？图中各直线箭头的含义是什么？

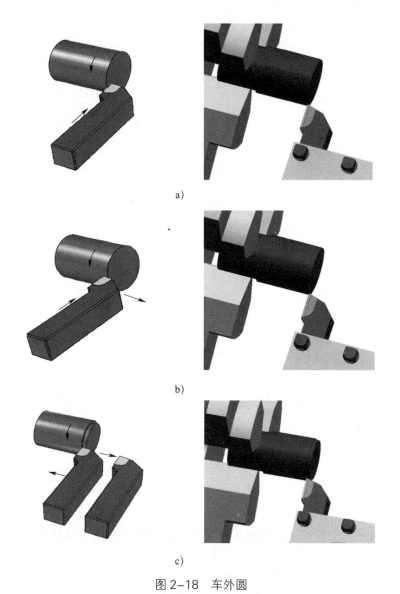

a)

b)

c)

图 2-18 车外圆

5. 使用一夹一顶装夹工件时应注意哪些问题?

6. 调整车床尾座的目的主要是使工件实际回转轴线与车床主轴轴线重合，图 2-19 中的尾座应如何调整? 为什么?

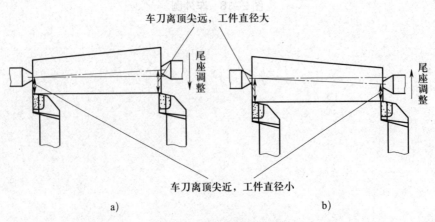

图 2-19　车床尾座的调整

图 2-19a：

图 2-19b：

任务三 精车台阶轴

任务描述

按照图 2-20 所示的精车台阶轴工序图，把任务二经过粗车的台阶轴精车成形。在精车台阶轴的过程中，要学会使用两顶尖装夹工件的装夹方法，熟悉鸡心夹头的结构，掌握前顶尖的类型和使用方法，合理选择精车时的切削用量，熟练使用千分尺测量精车时的工件尺寸，熟练使用百分表测量圆柱度和径向圆跳动误差。

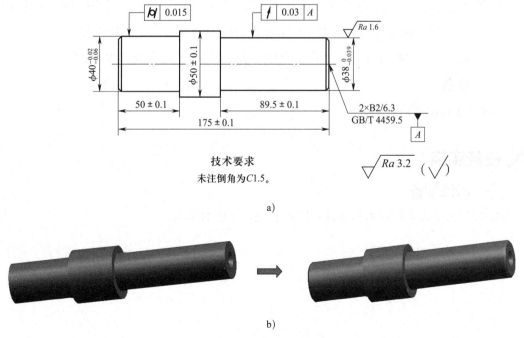

图 2-20 精车台阶轴工序图

a）零件图 b）实物图

学习精车台阶轴的相关知识时建议参照以下步骤：

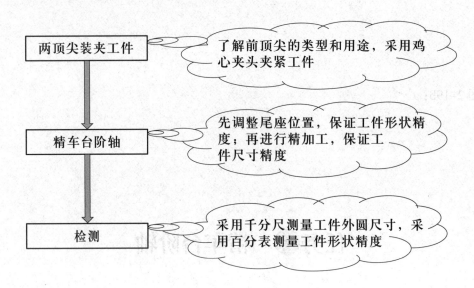

任务准备

一、工件

按图 2-9 所示图样检查项目二任务二经过粗车的台阶轴半成品，看是否留出精加工余量，形状精度和位置精度是否达到要求。

二、工艺装备

准备三爪自定心卡盘、呆扳手、圆柱形油石、前顶尖、后顶尖、鸡心夹头、分度值为0.02 mm 的 0～200 mm 游标卡尺、25～50 mm 和 50～75 mm 千分尺、百分表。

装夹 45° 车刀和 90° 精车刀，要保证 90° 车刀装夹时的实际主偏角约为 93°。

三、设备

准备 CA6140 型卧式车床。

任务实施

一、新课准备

1. 收集公差配合与技术测量课程中尺寸公差方面的知识。

2. 收集数显千分尺的相关资料，简单了解并认识先进量具，以确保在实践操作中会正确使用。

3. 复习项目一中切削用量的基本概念和切削用量的选择原则等内容。

二、理论学习

认真听课，配合教师的提问、启发和互动，学习相关知识并回答以下问题：

1. 两顶尖装夹

（1）简述两顶尖装夹形式的适用场合和装夹特点。

（2）前顶尖的类型有哪些？本任务中使用的是哪种？

（3）用鸡心夹头和前顶尖装夹工件时的工作原理是怎样的？

2. 精车时工件的检测

（1）提前准备好 4～6 件轴类工件，0～25 mm、25～50 mm 千分尺各三把。

1）将学生分为三组。

2）指定工件上某几个尺寸，在教师的指导下进行测量并记录测量结果。

3）把各组测量结果汇总后进行比较。

4）分析测量结果不同的原因。

5）得出结论：被测尺寸的正确数值 = 正确的测量方法 + 正确的读数方法。

（2）学习千分尺的使用方法时，学习主线如下：结构特点→固定套管和微分筒刻线→微分筒分度值→读数方法。

（3）长度尺寸的测量工具有哪些？

（4）外径尺寸的测量工具有哪些？

（5）测量形状误差的量具是什么？如何测量？

（6）百分表有哪几种？使用时的注意事项有哪些？

三、实践操作

1. 仔细观看教师演示修研中心孔的方法和步骤，记住动作要领，试着自己修研另一个中心孔。

2. 同组同学相互配合，将小滑板旋转30°，利用手动进给方式车削前顶尖，车削完成后，将小滑板复位。

3. 同组同学相互配合，用鸡心夹头夹紧台阶轴右端 ϕ（39±0.1）mm 外圆处，将此端的中心孔对准前顶尖，同时摇动尾座手轮，使后顶尖顶入工件另一端的中心孔，将夹紧力调整适当后，压紧尾座套筒锁紧手柄。

4. 遵守使用鸡心夹头时的安全规程，具体内容如下：

（1）鸡心夹头必须牢靠地夹住工件，以防车削时工件移动、打滑而损坏车刀。

（2）车削开始前，应摇动床鞍手轮，使床鞍左右全行程移动，检查有无碰撞现象。

（3）注意安全，防止鸡心夹头钩住衣服而伤人。

5. 同组同学相互配合，参考粗车台阶轴时切削用量的选择方法，从表2-3中选择精车外圆和端面时的切削用量。

表2-3 硬质合金车刀精车外圆和端面时的切削用量参考值

工件材料	表面粗糙度 $Ra/\mu m$	切削速度 $v_c/$ （m·min^{-1}）	刀尖圆弧半径 r_ε/mm		
			0.5	1.0	2.0
			进给量 $f/$（mm·r^{-1}）		
铸铁、青铜、铝合金	6.3	不限	0.25～0.40	0.40～0.50	0.50～0.60
	3.2		0.15～0.25	0.25～0.40	0.40～0.60
	1.6		0.10～0.15	0.15～0.20	0.20～0.35
碳钢、合金钢	6.3	≤50	0.30～0.45	0.45～0.60	0.60～0.70
		>50	0.40～0.55	0.55～0.65	0.65～0.70
	3.2	≤50	0.18～0.25	0.25～0.30	0.30～0.40
		>50	0.25～0.30	0.30～0.35	0.35～0.50
	1.6	<50	0.05～0.10	0.10～0.15	0.15～0.22
		50～100	0.11～0.16	0.16～0.25	0.25～0.35
		>100	0.16～0.20	0.20～0.25	0.25～0.35

注意：精车时转速提高，进给量减小，以减小工件的表面粗糙度值。

6. 同组同学相互配合，精车左端台阶。此时，严格按照图样要求进行各尺寸的加工。经检查各尺寸合格后，去毛刺，卸下工件。

7. 同组同学相互配合，按照上述步骤精车台阶轴的右端。

💬 任务测评

每位同学完成精车台阶轴操作后，卸下车刀和工件，仔细测量并确定工件是否符合图样要求，填写精车台阶轴评分表（见表2-4），对练习工件进行评价。测量工件直径时可使用千分尺或游标卡尺，测量工件长度时可用游标卡尺（见图2-21），圆柱度和径向圆跳动误差用百分表测量。目测检查工件的表面粗糙度是否符合要求。

针对出现的质量问题分析出原因，总结出改进措施。

表 2-4　精车台阶轴评分表

序号	考核项目	考核内容和要求	配分	评分标准	检测结果	得分
1	外圆	$\phi(50\pm0.1)$ mm	10	超差不得分		
		$\phi40^{-0.02}_{-0.06}$ mm	15	超差不得分		
		$\phi38^{0}_{-0.039}$ mm	15	超差不得分		
2	长度	(50 ± 0.1) mm	8	超差不得分		
		(89.5 ± 0.1) mm	8	超差不得分		
3	倒角	$C1.5$ mm	10	一处不合格扣 5 分		
	表面粗糙度	$Ra\leqslant1.6\ \mu m$	10	每降一级扣 5 分		
		$Ra\leqslant3.2\ \mu m$（2 处）	5×2	一处不符合要求扣 5 分		
4	工具、设备的使用与维护	正确、规范使用工具、量具、刀具，并进行合理保养与维护	3	不符合要求酌情扣分		
		正确、规范使用设备，并进行合理保养与维护	3	不符合要求酌情扣分		
		操作姿势和动作规范、正确	2	不符合要求酌情扣分		
5	安全及其他	安全文明生产，遵守国家颁布的有关法规或企业自定的有关规定	3	一项不符合要求扣 1 分，扣完为止，发生较大事故者取消阶段练习资格		
		操作步骤和工艺规程正确	3	一处不符合要求扣 1 分，扣完为止		
		工件局部无缺陷		不符合要求倒扣 1~10 分		
6	完成时间	150 min		每超过 15 min 倒扣 10 分；超过 30 min 不合格		
	合计		100			

教师评价	
教师：　　　　　　　　　　　　　　　　　年　月　日	

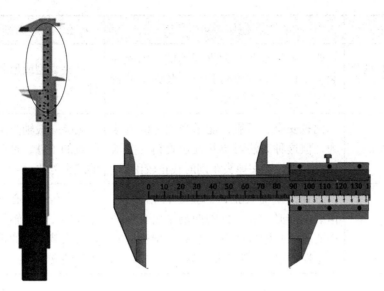

图 2-21 用游标卡尺测量工件的长度

课后小结

试结合本任务完成情况，从台阶轴的装夹方法、台阶轴的精车方法、台阶轴的精车质量、安全文明生产和团队协作等方面撰写工作总结。

课后阅读

轴类工件的装夹方法

了解轴类工件的四种装夹方法（见表 2-5），再对其使用特点和适用场合进行比较。

表 2-5 轴类工件的装夹方法、使用特点和适用场合

装夹方法	使用特点	适用场合
三爪自定心卡盘装夹	三个卡爪是同步运动的，能自动定心，一般不需要找正，装夹工件方便、迅速，但夹紧力较小	装夹外形规则的中、小型工件

续表

装夹方法	使用特点	适用场合
四爪单动卡盘装夹	四个卡爪是各自独立运动的，因此在装夹工件时必须进行找正，装夹工件较费时，但夹紧力较大	装夹大型或形状不规则的工件
一夹一顶装夹	比较安全、可靠，能承受较大的进给力，但这种方法对于相互位置精度要求较高的工件，在掉头车削时找正较困难	装夹一般轴类工件，尤其是较重的工件，是车削中最常用的装夹方法
两顶尖装夹	方便，不需找正，而且定位精度高，但装夹前必须在工件的两端钻出合适的中心孔，且刚度较低，装夹大型工件时稳定性不够，切削用量受限制	对于较长或必须经过多道工序才能完成的轴类工件，为保证每次装夹时的精度，可用两顶尖装夹

巩固与提高

一、填空题（将正确答案填写在横线上）

1. 精车轴类工件时，选择_____装夹能较好地保证工件的几何精度。

2. _____适用于装夹较长的工件或必须经过多次装夹才能加工好的工件（如细长轴、长丝杠等），以及工序较多、在车削后还要铣削或磨削的工件。

3. 常用的百分表有_____百分表和_____百分表两种。

4. 钟面式百分表大分度盘一格的分度值为_____mm，常用的测量范围为_____mm、_____mm、_____mm 等几种。杠杆式百分表大分度盘一格的分度值为_____mm。

5. 工作时前顶尖随同工件一起旋转，与中心孔无相对运动，因此不产生_____。

6. 后顶尖顶入工件的中心孔时，其松紧程度应以工件在两顶尖件可以_____而又没有_____为宜。

7. 工件用两顶尖装夹时，_____，或_____，或前、后顶尖产生_____时，易使工件圆度超差。

8. 圆柱度误差的检测一般采用钟面式百分表，在工件被测表面的全长上取前、后、中几点，比较其测量值，其最大值与最小值之差的_____即为被测表面全长上的圆柱度误差。

9. 测量平面或圆柱形工件时，钟面式百分表的测量杆应与平面垂直或与圆柱形工件中心线_____；否则，百分表测量杆移动不灵活，测量结果不准确。

10. 量具使用前，必须检查及调整_____，掌握正确的测量方法。

二、判断题（正确的打"√"，错误的打"×"）

1. 对需要经过多次装夹或工序较多的工件，采用两顶尖装夹比一夹一顶装夹易保证加工精度。 （　　）

2. 使用回转顶尖比使用固定顶尖车出的工件精度高。 （　　）

3. 千分尺测微螺杆的移动量通常为 40 mm。 （　　）

4. 用千分尺测量工件前必须校正零位。 （　　）

5. 纵向进给车削工件时，床身导轨与车床主轴轴线不平行会出现锥度误差。 （　　）

6. 工件温度较高时不能进行测量，否则会产生尺寸误差。 （　　）

7. 精车台阶时，可用机动进给精车外圆至台阶处，以确保其对轴线的垂直度要求。（　　）

8. 由于切削热的影响，会使所车削工件的尺寸发生变化。 （　　）

三、简答题

1. 使用百分表的注意事项有哪些?

2. 车削轴类工件外圆时产生锥度的原因是什么？

3. 表面粗糙度达不到要求的原因有哪些？改进措施是什么？

四、实训题

制定图 2-22 所示台阶轴的车削步骤。

提示：该台阶轴尺寸精度要求不高，只有两端面的平行度要求，且公差值较大，所以该工件用三爪自定心卡盘装夹即可。车削时可先车大端，再掉头车小端，只要掉头后仔细找正即可满足平行度要求。

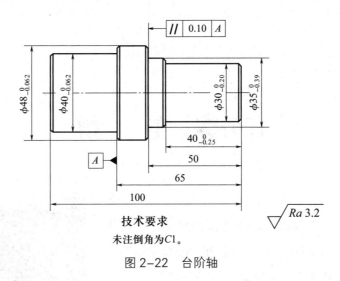

技术要求

未注倒角为 $C1$。

图 2-22 台阶轴

项目三
车槽和切断

任务一 车 槽

任务描述

车槽（见图 3-1）是车工的基本操作技能之一，能否掌握好该技能，关键在于刀具的刃磨，因为车槽刀刃磨的难度要比 90°外圆车刀大得多。

针对项目二任务三中完成的台阶轴，在本任务中要完成车槽工作，达到图 3-2 所示的尺寸精度和几何精度要求。

图 3-1　车槽

a)

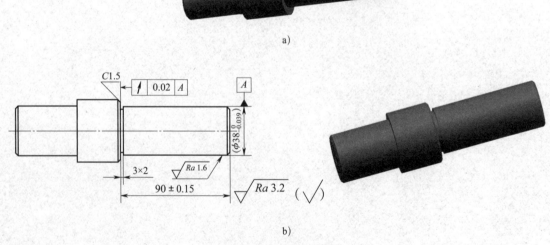

b)

图 3-2　车槽工序图

a）项目二任务三中完成的台阶轴　b）车槽

本任务的理论学习和实训过程如下：

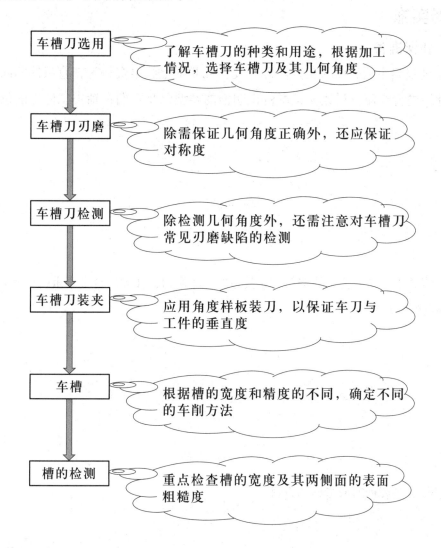

任务准备

一、工件

准备项目二任务三中完成的台阶轴，经检测尺寸精度和几何精度满足图样要求。

二、工艺装备

准备钢直尺、直角尺、角度样板、F46~F60 的白色氧化铝砂轮、油石、4 mm×16 mm×160 mm 高速钢车槽刀刀片、三爪自定心卡盘、前顶尖、后顶尖、鸡心夹头、45° 车刀、分度值为 0.02 mm 的 0~200 mm 游标卡尺、0~25 mm 和 25~50 mm 千分尺、百分表。

三、设备

准备 CA6140 型卧式车床、砂轮机。

✖ 任务实施

一、新课准备

1. 通过观察生活、深入生产实际以及在互联网上收集资料等，有条件的同学可以拍些照片，进行交流及讨论，试举例说明槽的类型以及它们在轴类工件上的位置和作用。

2. 收集关于车槽刀类型的资料，尤其是新型车槽刀，如硬质合金不重磨车槽刀和瑞典的山特维克车槽刀等。

3. 收集关于弹性刀柄类型的资料。

4. 向教师或生产一线师傅请教车槽时防止振动的措施。

5. 收集内径千分尺和塞规等检测槽的量具的相关资料。

二、理论学习

认真听课，配合教师的提问、启发和互动，回答以下问题：

1. 槽的种类

（1）什么是外槽？常见的外槽有哪些？

（2）图 3-3 所示的锥轴中包含了什么类型的槽？

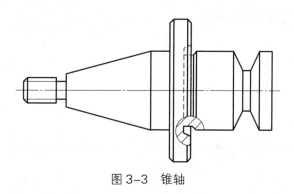

图 3-3 锥轴

2. 车槽刀

（1）车槽刀主切削刃宽度有较严格的要求，如何合理选择车槽刀主切削刃宽度？

（2）按切削部分的材料不同，车槽刀分为哪两种？

（3）高速钢弹性车槽刀的优点是什么？

3. 车槽时切削用量的选择

车槽时如何选择背吃刀量？

4. 车槽的方法

（1）如何车精度要求较高的槽？

（2）车槽与前面项目中所学的车端面和车外圆相比有哪些异同点？

5. 槽的检测

如何检测不同精度要求的外槽？

6. 切削液

（1）切削液有哪些作用？

（2）车削时常用的切削液有哪些？

（3）常用的水溶性切削液有哪些？

三、实践操作

任务实施（一）：选用并刃磨车槽刀

1. 观看教师刃磨车槽刀的实践操作演示，在实习场地完成以下操作，并记住操作要点。

（1）通过模仿教师的示范操作，掌握刃磨时的操作要点和几何角度的控制方法。

（2）同组同学交流及讨论，仔细揣摩，然后每组派一名同学到砂轮间进行车槽刀的刃磨。

2. 对照实物看懂车槽刀图示，整理各几何角度的刃磨要求和刃磨方法，完成表 3-1。

表 3-1 车槽刀的刃磨

步骤	刃磨内容	刃磨图示	车槽刀图示
刃磨左侧副后面	刃磨要求：_____ 刃磨方法：_____	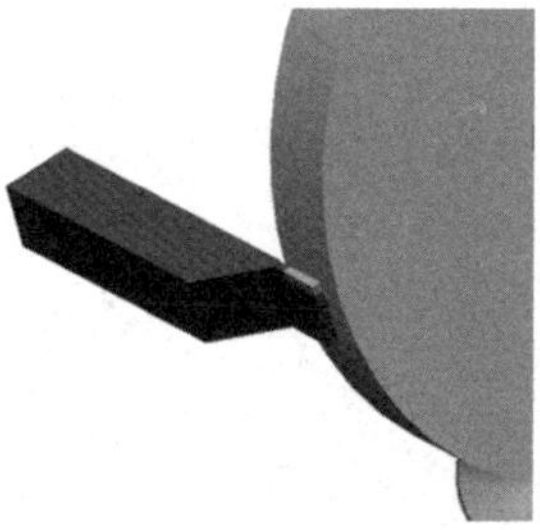	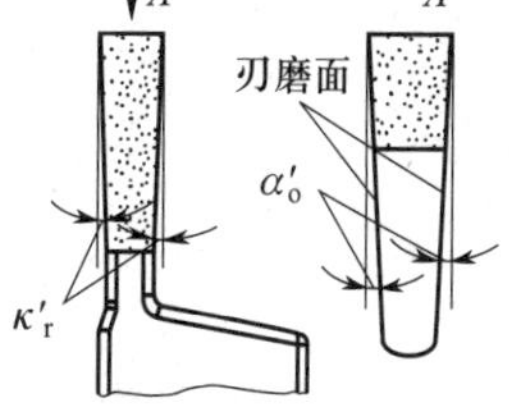
刃磨右侧副后面	刃磨要求：_____ 刃磨方法：_____		

续表

步骤	刃磨内容	刃磨图示	车槽刀图示
刃磨 主后面	刃磨要求： ——————— 刃磨方法： ——————— ———————		刃磨面 α_o
刃磨 过渡刃	刃磨要求： ——————— 刃磨方法： ——————— ———————		刃磨点 刀尖圆弧

注意：刃磨刀具时应遵守安全操作规范，保护人身安全。

3. 判断图 3-4 所示的操作内容是什么？操作是否正确？

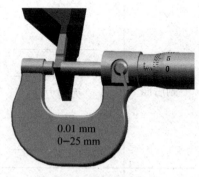

图 3-4　识别操作内容

4. 结合所学理论知识，检查自己所磨车槽刀哪些几何角度存在不足？会对加工产生怎样的影响？应该如何改进？

任务实施（二）：车槽

1. 通过观看教师的示范操作，熟练掌握车槽时的操作要点和尺寸的检测方法。

2. 同组同学相互讨论，进行车槽刀的安装，应符合车刀装夹的一般要求，掌握车槽刀角度的调整方法，知道哪些角度特别重要及需要怎样调整。

3. 同组同学相互讨论车槽刀的对刀方法，并讨论确定槽的位置的方法，然后进行试切削，并最终车出符合尺寸要求的槽。

4. 图 3–5 所示为检测槽的尺寸的方法，在图下横线上补全图中各检测操作的内容。

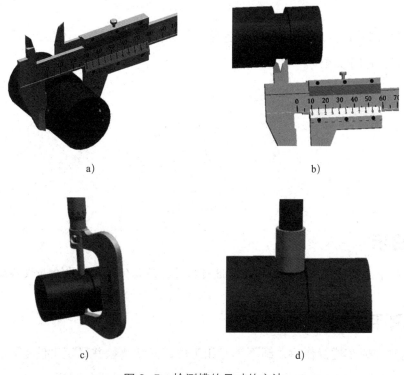

图 3–5 检测槽的尺寸的方法

a）用游标卡尺检测槽_____ b）用游标卡尺检测槽_____
c）用千分尺检测槽_____ d）用量规检测槽_____

5. 试按图 3-6 所示的方法检测所加工台阶轴的轴向圆跳动误差，并说明检测原理。

图 3-6　在两顶尖间装夹工件，检测轴向圆跳动误差

检测原理：

6. 同组同学相互检测，看车出的槽是否符合要求，在哪些方面还存在不足，对照加工过程找出原因，并加以改进。

操作提示

车削过程中应严格按照安全操作规范进行操作，注意保证人身安全和设备安全。

任务测评

每位同学完成车槽操作后，卸下车刀和工件，仔细测量并确定工件是否符合图样要求，填写刃磨车槽刀和车槽评分表（见表 3-2），对练习工件进行评价。

针对出现的质量问题分析出原因，总结出改进措施。

表 3-2 刃磨车槽刀和车槽评分表

序号	考核项目	考核内容和要求	配分	评分标准	检测结果	得分
1	车槽刀外形	切削刃宽度 a=3 mm	4	超差不得分		
		主偏角 κ_r=90°	4	超差不得分		
		刀头长度 L=11 mm	2	超差不得分		
2	各刀面的表面粗糙度	$Ra \leqslant 1.6\ \mu m$（4处）	2×4	不符合要求不得分		
3	车槽刀角度	γ_o=25°	4	超差不得分		
		α_o'=1° 30′（2处）	4×2	一处不合格扣4分		
		α_o=6°	4	不符合要求不得分		
		κ_r'=1° 30′（2处）	4×2	一处不合格扣4分		
		两副后角对称	5	不符合要求不得分		
		两副偏角对称	5	不符合要求不得分		
4	槽尺寸	3 mm × 2 mm	10	超差不得分		
5	外圆柱面长度	（90 ± 0.15）mm	8	超差不得分		
6	表面粗糙度	$Ra \leqslant 3.2\ \mu m$	5	每降一级扣1分		
7	轴向圆跳动	⌰ 0.02 A	10	超差不得分		
8	工具、设备的使用与维护	正确、规范使用工具、量具、刃具，并进行合理保养与维护	3	不符合要求酌情扣分		
		正确、规范使用设备，并进行合理保养与维护	3	不符合要求酌情扣分		
		操作姿势和动作规范、正确	3	不符合要求酌情扣分		

续表

序号	考核项目	考核内容和要求	配分	评分标准	检测结果	得分
9	安全及其他	安全文明生产，遵守国家颁布的有关法规或企业自定的有关规定	3	一项不符合要求扣1分，扣完为止，发生较大事故者取消阶段练习资格		
		操作步骤和工艺规程正确	3	一处不符合要求扣1分，扣完为止		
		工件局部无缺陷		不符合要求倒扣1~10分		
10	完成时间	150 min		每超过15 min倒扣10分；超过30 min不合格		
合计			100			
教师评价		教师：　　　　　　　　　　　　　　　　年　月　日				

课后小结

试结合本任务完成情况，从车槽刀的选择、车槽的方法、槽的质量、安全文明生产和团队协作等方面撰写工作总结。

课后阅读

一、认识新型车槽刀（见图3-7）

新型车槽刀（见图3-7）采用成形刀片，使用时将刀片装夹在刀柄上，加工过程中如刀片磨损或损坏，不需要刃磨刀具，只需更换新刀片即可再次进行加工，有效地提高了生产效率。

图 3-7 新型车槽刀
1—刀板 2—刀座

二、认识高速钢反切刀

若槽的直径较大，由于刀头较长，刚度较低，很容易产生振动，这时可采用反向车槽法（即工件反转），用高速钢反切刀车槽，如图 3-8 所示。

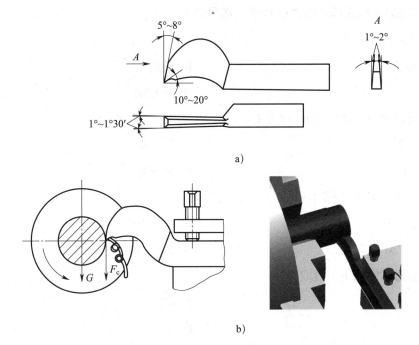

图 3-8 反切刀及其应用
a）高速钢反切刀 b）应用

反向车槽时，作用在工件上的切削力 F_c 与工件重力 G 方向一致，这样不容易产生振动，而且切屑向下排出，不容易在槽中堵塞。

📝 巩固与提高

一、判断题（正确的打"√"，错误的打"×"）

1. 高速钢车槽刀的断屑槽不可过深，一般槽深为 0.75 ~ 1.5 mm，否则会削弱刀头强度。

（ ）

2. 目前使用较为普遍的是高速钢车槽刀。 （   ）

3. 由于车槽刀的刀头强度较低，在选择切削用量时应适当减小。 （   ）

4. 车槽为横向进给车削，背吃刀量是垂直于已加工表面方向所量得的切削层宽度。

（   ）

5. 切削液必须浇注在切削区域，因为该区域是切削热源集中区。 （   ）

6. 前角增大能使车刀刃口锋利，使切削省力，并使切屑顺利排出。 （   ）

7. 车槽刀装夹时应使其中心线与工件轴线垂直。 （   ）

8. 车槽时的切削速度是不变的。 （   ）

9. 用硬质合金车槽刀车槽时不能加注切削液。 （   ）

10. 高速钢车槽刀的进给量要选大些，硬质合金车槽刀的进给量要选小些。 （   ）

二、选择题（将正确答案的代号填入括号内）

1. 车槽刀的刃倾角一般取（   ）。

A. 正值 B. 负值

C. 0° D. 任意值

2. 车槽刀的两个副后角 α_o' 均为（   ）。

A. 1°～2° B. 2°～4°

C. 4°～6° D. 6°～8°

3. 用高速钢车槽刀车削铸铁工件时，通常取 γ_o=（   ）。

A. −10°～0° B. 0°～10°

C. 10°～20° D. 20°～40°

4. 车槽刀的主偏角一般取（   ）。

A. 45° B. 60°

C. 75° D. 90°

5. 用高速钢车槽刀车削中碳钢工件时，通常取 γ_o=（   ）。

A. −10°～0° B. 0°～15°

C. 20°～30° D. 30°～45°

6. 车槽刀的主后角一般取（   ）。

A. 4°～5° B. 1°～2°

C. 1°～1°30′ D. 5°～8°

三、简答题

1. 结合实物看懂图 3-9 所示高速钢车槽刀的结构，在图下横线上填写车槽刀各部分的
名称。

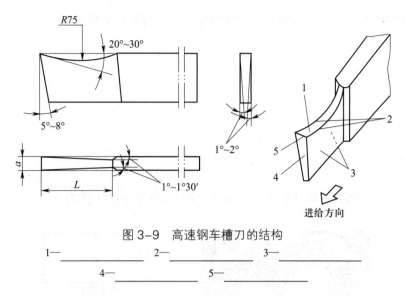

图 3-9 高速钢车槽刀的结构

1—＿＿＿＿＿＿＿＿   2—＿＿＿＿＿＿＿＿   3—＿＿＿＿＿＿＿＿
4—＿＿＿＿＿＿＿＿   5—＿＿＿＿＿＿＿＿

2. 车槽刀的切入深度和刀头长度有什么关系?

3. 在外径为 42 mm 的圆柱形工件上车削槽底直径为 20 mm、槽宽为 16 mm 的槽，试计算车槽刀的主切削刃宽度 a 和刀头长度 L。

4. 车槽刀刃磨断屑槽的作用是什么?

5. 弹性车槽刀在车削沟槽时受力过大会出现什么现象？为什么？

6. 简述装夹车槽刀时的注意事项，并说明图 3-10 所示的工作内容。

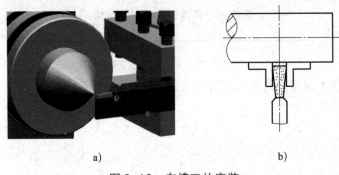

a)   b)

图 3-10　车槽刀的安装

7. 车槽时应如何选择切削用量?

8. 图 3-11 所示的三种车槽进刀方法各有什么特点？各适用于哪些场合？

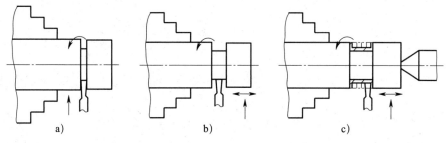

图 3-11 车槽刀进刀方法

图 3-11a：

图 3-11b：

图 3-11c：

9. 简述车槽时表面粗糙度达不到要求的原因。

10. 车槽时槽壁与工件轴线不垂直，内槽狭窄外口大，槽呈喇叭形的原因是什么？如何预防？

四、实训题

制定图 3-12 所示台阶轴的车削步骤。

提示：该台阶轴尺寸精度要求较高，且有圆跳动要求，所以粗车时可采用一夹一顶装夹，精车时一定要采用两顶尖装夹才能保证圆跳动要求。

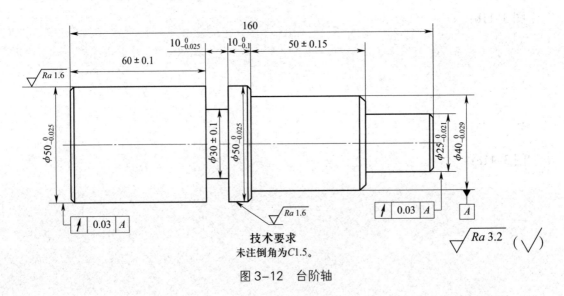

图 3-12　台阶轴

任务二 切 断

任务描述

切断刀和车槽刀的几何形状相似，刃磨方法也基本相同。只是刀头部分的宽度和长度有些区别，有时也可互换。

切断是车工的基本操作技能之一，能否掌握好该技能，关键在于刀具的刃磨，因为切断刀的刃磨要比外圆车刀和车槽刀的刃磨难度更大。

本任务就是将项目三任务一车槽后的台阶轴左侧 $\phi40^{-0.02}_{-0.06}$ mm 的圆柱切断成图 3-13 所示的垫片。

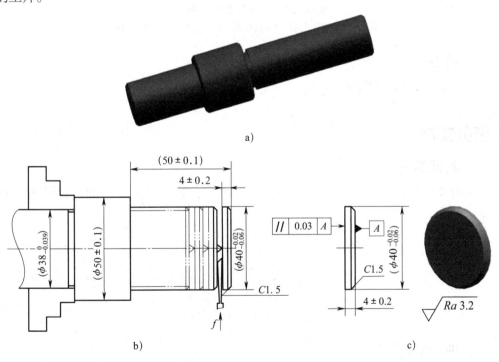

图 3-13 垫片加工工序图

a) 项目三任务一完成的台阶轴 b) 切断工序 c) 垫片

任务准备

一、工件

准备项目三任务一车槽后的台阶轴。

二、工艺装备

准备三爪自定心卡盘、高速钢斜刃切断刀（见图3–14）、45°车刀、直角尺、分度值为0.02 mm的0～150 mm游标卡尺、0～25 mm和25～50 mm千分尺。

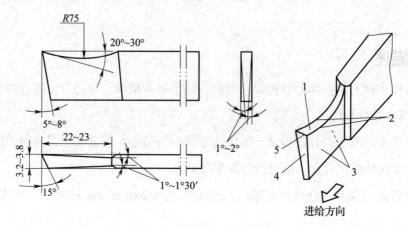

图3–14　高速钢斜刃切断刀

1—前面　2—副切削刃　3—副后面　4—主后面　5—主切削刃

三、设备

准备CA6140型卧式车床。

✖ 任务实施

一、新课准备

收集有关切断刀类型的资料，尤其是新型切断刀，如硬质合金不重磨切断刀和瑞典的山特维克切断刀。

二、理论学习

1. 切断刀

（1）如何选择切断刀（见图3–15）的几何角度?

图 3-15　切断刀

（2）思考：按切削部分的材料不同，切断刀可分为哪两种？

2. 切断的方法

思考：切断工件时一般采用什么方法？

三、实践操作

1. 观看教师关于切断的实践操作演示，在实习场地完成以下操作，并记住操作要点。

（1）通过实践，同组同学相互讨论，总结出车槽刀和切断刀的区别。

（2）图 3-16 所示的是哪三种切断进刀方法？各有什么特点？分别适用于哪些场合？

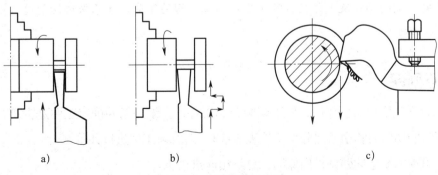

a)　　　　　　　　　　　b)　　　　　　　　　　　c)

图 3-16　切断进刀方法

图 3-16a：

图 3-16b：

图 3-16c：

2. 认真听教师讲解，注意切断过程中教师的姿势和动作。在教师示范后，每组派一名同学进行切断练习，如图 3-17 所示。

a)   b)   c)

图 3-17　切断练习

3. 同组同学相互讨论，每人加工一个工件，并对所加工工件进行测量，然后请教师分析及讲解，对不正确或未达到要求的地方进行改进。

💡 操作提示

注意安全文明操作及工作服、防护眼镜和工作帽的穿戴。注意保证切削过程中的人身安全和设备安全。

💬 任务测评

每位同学完成切断操作后，卸下切断刀和工件，仔细测量并确定工件是否符合图样要求，填写刃磨切断刀和切断评分表（见表 3-3），对练习工件进行评价。

针对出现的质量问题分析出原因，总结出改进措施。

表 3-3　刃磨切断刀和切断评分表

序号	考核项目	考核内容和要求	配分	评分标准	检测结果	得分
1	切断刀外形	切削刃宽度 a=3.2 ~ 3.8 mm	4	超差不得分		
		切削刃倾斜角 15°	4	超差不得分		
		刀头长度 L=22 ~ 23 mm	2	超差不得分		
2	各刀面的表面粗糙度	$Ra \leqslant 1.6\ \mu m$（4 处）	2×4	不符合要求不得分		
3	切断刀几何角度	γ_o=20° ~ 30°	4	超差不得分		
		α_o'=1° ~ 2°（2 处）	4×2	一处不合格扣 4 分		
		α_o=5° ~ 8°	4	不符合要求不得分		
		κ_r'=1° ~ 1° 30′（2 处）	4×2	一处不合格扣 4 分		
		两副后角对称	5	不符合要求不得分		
		两副偏角对称	5	不符合要求不得分		
4	切断刀的装夹	切断刀的装夹符合要求	5	不符合要求不得分		
5	倒角	$C1.5$ mm	6	超差不得分		
6	垫片厚度	（4 ± 0.2）mm	8	超差不得分		
7	表面粗糙度	$Ra \leqslant 3.2\ \mu m$（2 处）	2×2	不符合要求不得分		
8	平行度	// 0.03 A	10	超差不得分		
9	工具、设备的使用与维护	正确、规范使用工具、量具、刀具，并进行合理保养与维护	3	不符合要求酌情扣分		
		正确、规范使用设备，并进行合理保养与维护	3	不符合要求酌情扣分		
		操作姿势和动作规范、正确	3	不符合要求酌情扣分		

续表

序号	考核项目	考核内容和要求	配分	评分标准	检测结果	得分
10	安全及其他	安全文明生产，遵守国家颁布的有关法规或企业自定的有关规定	3	一项不符合要求扣1分，扣完为止，发生较大事故者取消阶段练习资格		
		操作步骤和工艺规程正确	3	一处不符合要求扣1分，扣完为止		
		工件局部无缺陷		不符合要求倒扣1~10分		
11	完成时间	150 min		每超过15 min倒扣10分；超过30 min不合格		
合计			100			
教师评价						
	教师：				年　月　日	

课后小结

试结合本任务完成情况，从切断刀的选择、切断的方法、切断的质量、安全文明生产和团队协作等方面撰写工作总结。

巩固与提高

一、填空题（将正确答案填写在横线上）

1. 按切削部分的材料不同，切断刀可分为_____和_____两种。

2. 切断刀的刀头长度按照经验公式_____计算。

3. 为了提高硬质合金切断刀刀头的支承刚度，常将切断刀的刀头下部做成_____。

4. 用高速钢切断刀切断钢件时，进给量选为_____~_____ mm/r；切断铸铁件时，进给量选为_____~_____ mm/r。

5. 反向切断工件时，卡盘与车床主轴的连接部位必须装有_____装置。

二、判断题（正确的打"√"，错误的打"×"）

1. 切断工件时，为使带孔工件不留边缘，实心工件的端面不留小凸台，可将切断刀的切削刃略磨斜些。 （　　）

2. 为了提高刀头的支承刚度，常将切断刀的刀头下部做成凹圆弧形。 （　　）

3. 由于高速车削会产生很大的热量，为防止刀片脱焊，在开始车削时就应充分浇注切削液。 （　　）

4. 高速切断时，为使排屑顺利，可将主切削刃两边倒角或将其磨成人字形。 （　　）

5. 由于切断刀的刀头刚度比车槽刀低，在选择切削用量时应适当减小。 （　　）

6. 切断刀的两个副后角和两个副偏角都应该磨得对称。 （　　）

7. 使用硬质合金切断刀与使用高速钢切断刀相比，前者要选用较大的切削用量。 （　　）

8. 切断刀副切削刃较短，刀头较长。 （　　）

9. 为使切断时在工件端面中心处不留小凸台及确保空心工件不留飞边，可把主切削刃磨成人字形。 （　　）

10. 装夹切断刀时其中心线应与工件轴线垂直，以保证两副后角相等。 （　　）

三、选择题（将正确答案的代号填入括号内）

1. 工件被切断处直径为 49 mm，则切断刀主切削刃宽度应刃磨在（　　）mm 范围内。

A. 2～2.6　　　　　B. 3.5～4.2　　　　　C. 4～4.6　　　　　D. 5～5.6

2. 实心工件被切断处的直径为 80 mm，则切断刀的刀头长度应刃磨在（　　）mm 范围内。

A. 42～43　　　　　B. 45～48　　　　　C. 25～35　　　　　D. 35～40

3. 使用反切刀切断工件时，工件应（　　）转。

A. 正　　　　　　　B. 反　　　　　　　C. 高速　　　　　　D. 低速

4. 切断工件时，切断刀的刀尖高度应（　　）。

A. 高于工件轴线　　　　　　　　　　B. 低于工件轴线

C. 与工件轴线等高　　　　　　　　　D. 以上选项均正确

5. 切断时的背吃刀量应等于（　　）。

A. 工件的半径　　　B. 刀头宽度　　　　C. 刀头长度　　　　D. 工件长度

6. 反切法适用于切断（　　）。

A. 大直径工件　　　B. 细长轴　　　　　C. 硬工件　　　　　D. 空心工件

四、简答题

1. 切断直径为 64 mm 的实心工件，试计算切断刀的主切削刃宽度和刀头长度。

2. 切断外径为 50 mm，孔径为 28 mm 的空心工件，试计算切断刀的主切削刃宽度和刀头长度。

3. 切断刀与车槽刀相比较有什么区别？

4. 防止切断刀折断的方法有哪些？

项目四
加 工 衬 套

任务一　刃磨麻花钻并钻孔

任务描述

掌握标准麻花钻的刃磨方法，并利用麻花钻进行钻孔，把衬套毛坯加工成图 4-1 所示的形状和尺寸，毛坯尺寸为 $\phi55\ mm \times 105\ mm$，材料为 45 钢。

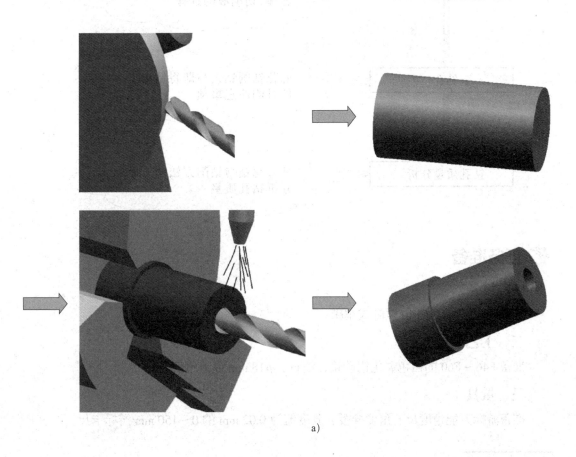

a)

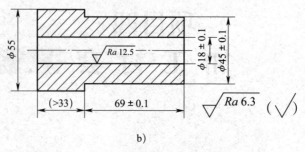

b)

图 4-1　对衬套钻孔 ①

学习钻孔的知识和技能时可参照以下步骤：

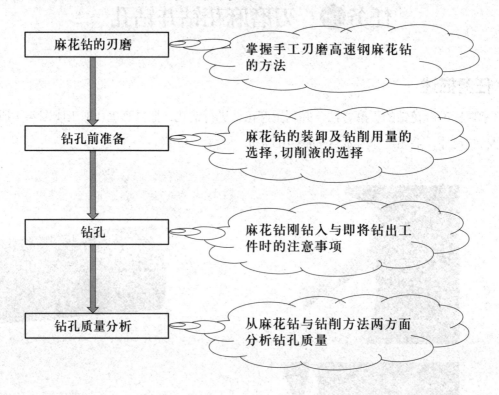

任务准备

一、设备

准备砂轮机、CA6140 型卧式车床。

二、工艺装备

准备 F46～F60 的白色氧化铝砂轮、油石、ϕ18 mm 高速钢麻花钻。

三、量具

准备游标万能角度尺、角度样板、分度值为 0.02 mm 的 0～150 mm 游标卡尺。

---

① 因外圆、端面的加工内容在前几个项目中已介绍，本项目重点讲解衬套孔的加工，所以对外圆、端面的加工步骤和配分均不介绍。

✖ **任务实施**

一、新课准备

1. 通过观察生活、深入生产实际以及在互联网上收集资料等，有条件的同学可以拍些照片，进行交流及讨论，试举例说明麻花钻的类型。

2. 收集有关麻花钻类型的资料，尤其是新型或高性能麻花钻，如整体硬质合金麻花钻（见图 4-2）等。

图 4-2　整体硬质合金麻花钻

3. 知道"钻头大王"倪志福吗？在互联网上使用关键词"志福钻头""群钻"搜索他的相关资料。

二、理论学习

认真听课，配合教师的提问、启发和互动，学习相关知识并回答以下问题：

1. 麻花钻的结构

（1）莫氏圆锥

莫氏圆锥是机械制造业中应用最为广泛的一种圆锥，如车床的主轴锥孔、顶尖锥柄、麻花钻锥柄和铰刀锥柄等都是莫氏圆锥。莫氏圆锥号码不同，其线性尺寸和圆锥半角均不相同，应学会认识莫氏圆锥及了解其相关数据。

（2）麻花钻的几何形状

高速钢麻花钻如图 4-3 所示，其几何形状与车刀有很大区别，工作部分的几何要素较为复杂，尤其是麻花钻几何角度的分析对空间想象力的要求较高，学习难度较大。

图 4-3　高速钢麻花钻

1）麻花钻最大的特点是工作部分有两条螺旋槽，通过观看钻孔操作，了解螺旋槽的作用。

2）与车刀对比，学习麻花钻的各结构要素，并总结以下内容：

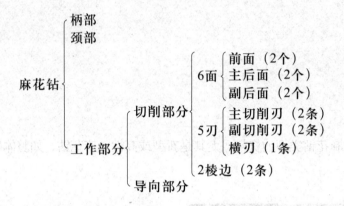

（3）麻花钻的几何角度

了解麻花钻各结构要素后，再学习麻花钻的几何角度。

麻花钻的几何角度存在较多变化。在处理该难点时，沿着下面五条路线了解麻花钻切削部分的五个几何角度。

1）螺旋槽→螺旋角→螺旋角的变化规律→变化范围→螺旋角与前角的关系。

2）前面→前角→前角的变化规律→变化范围→与其他角度的关系。

3）后面→后角→后角的变化规律→变化范围→与其他角度的关系。

麻花钻的前角和后角如图 4-4 所示。

4）两主切削刃的形状→顶角→顶角大小→顶角大小对加工的影响。

5）横刃→横刃斜角→横刃斜角大小→横刃斜角与其他角度的关系。

（4）麻花钻的相关知识

1）麻花钻导向部分有什么作用？

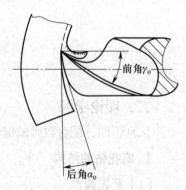

图 4-4　麻花钻的前角和后角

2）什么是顶角？

3）什么是横刃斜角？

2. 麻花钻的刃磨要求

简述麻花钻的刃磨要求。

3. 麻花钻的装夹

如何装夹锥柄麻花钻？

4. 钻孔时切削用量的选择

（1）钻孔时切削用量三要素中切削速度和进给量与车外圆时相似，可对比车外圆时的切削用量进行选择。

1）背吃刀量与车外圆时不同，一般为麻花钻直径的一半。

2）学习过程中往往会出现背吃刀量和进给量混淆的情况，此处一定要认真区别。

（2）用直径为 25 mm 的麻花钻钻孔，工件材料为 45 钢，若车床主轴转速为 400 r/min，求背吃刀量 a_p 和切削速度 v_c。

5. 钻孔时切削液的选用

钻孔时应如何选用切削液？

6. 钻孔方法

（1）采用四种不同刃磨情况的麻花钻进行钻孔，试分析其钻削结果。

1）用顶角不对称的钻头进行钻削。

2）用两主切削刃长度不等的钻头进行钻削。

3）用顶角不对称且两主切削刃长度不等的钻头进行钻削。

4）用两主切削刃对称的钻头进行钻削。

通过对钻削结果的比较，分析并总结出麻花钻的刃磨要求。

（2）钻孔时有哪些注意事项？

7. 钻孔质量分析

简述钻孔的缺陷种类、产生原因和改进措施。

三、实践操作

刃磨麻花钻时只刃磨其两个主后面，但同时要保证后角、顶角、横刃斜角等刃磨角度正确，刃磨技术要求高，比刃磨偏刀困难得多，是车工必须熟练掌握的一项基本技能。

1. 仔细观看教师演示刃磨麻花钻的方法，记住动作要领，试着自己刃磨一个麻花钻，建议先用废旧麻花钻进行练习。

（1）同组同学相互配合，选择并确定麻花钻的几何角度。修整砂轮后，准备进行麻花钻的刃磨。

（2）认真观看教师的示范操作，同组同学相互配合刃磨麻花钻的一条主切削刃，注意麻花钻轴线与砂轮圆周素线的夹角，即 $\kappa_r=59°$，如图 4-5 所示。用同样的方法刃磨另一条主切削刃。

2. 同组同学相互配合，用麻花钻钻孔。

（1）结合前面所学知识将工件装夹在三爪自定心卡盘上并找正。

（2）车端面。注意切削用量的选择，提高转速，加大进给量，以减小工件端面（尤其是接近圆心处）的表面粗糙度值。

（3）采用 90° 粗车刀，粗车外圆至 ϕ（45±0.1）mm×（69±0.1）mm。注意安全文明操作。

（4）固定尾座位置，采用 B2.0 mm/8.0 mm 中心钻，在工件端面钻出中心孔，在麻花钻起钻时起定心作用。由于中心钻直径较小，应选择较高转速，手动进给要平稳。钻孔起钻时速度要慢，待麻花钻整个直径部分全部钻入后，可加快进给速度，但仍要注意保持平稳。如图 4-6 所示为手摇尾座手轮控制麻花钻的进给速度。

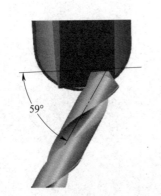

图 4-5　保证麻花钻轴线与砂轮
圆周素线的夹角 $\kappa_r=59°$

图 4-6　手摇尾座手轮控制麻花钻
的进给速度

💬 任务测评

每位同学完成刃磨麻花钻及钻孔操作后，卸下麻花钻和工件，仔细测量并确定工件是否符合图样要求，填写刃磨麻花钻及钻孔评分表（见表 4-1），对刃磨的麻花钻及钻削的工件进行评价。

针对出现的质量问题分析出原因，总结出改进措施。

表4-1 刃磨麻花钻及钻孔评分表

序号	考核项目		考核内容和要求	配分	评分标准	检测结果	得分
1	麻花钻	主后角 α_o	10°~14°（外缘处的圆周后角）	8	超差不得分		
		顶角 $2\kappa_r$	118°±2°	8	超差不得分		
		横刃斜角 ψ	55°±2°	4	超差不得分		
		两主切削刃	长度差≤0.1 mm	4	超差不得分		
			两条切削刃平直且无锯齿	6	不符合要求不得分		
			两条切削刃不能被局部磨掉	6	不符合要求不得分		
			两条切削刃刃口不能退火	6	不符合要求不得分		
		主后面表面粗糙度	$Ra \leq 1.6\,\mu m$（2处）	4×2	不符合要求不得分		
		修磨横刃	修磨后的横刃长度为原长的1/5~1/3	6	不符合要求不得分		
			横刃处的前角适当增大（2处）	3×2	不符合要求不得分		
2	孔	孔径	ϕ（18±0.1）mm	4	超差不得分		
		长度	孔要钻通	4	不符合要求不得分		
		孔壁表面粗糙度	$Ra \leq 12.5\,\mu m$	4	不符合要求不得分		
3	外圆	外径	ϕ（45±0.1）mm	4	超差不得分		
		长度	（69±0.1）mm	4	超差不得分		
		表面粗糙度	$Ra \leq 6.3\,\mu m$	4	不符合要求不得分		
4	端面	表面粗糙度	$Ra \leq 6.3\,\mu m$	4	不符合要求不得分		

续表

序号	考核项目	考核内容和要求	配分	评分标准	检测结果	得分
5	工具、设备的使用与维护	正确、规范使用工具、量具、刃具，并进行合理保养与维护	2	不符合要求酌情扣分		
		正确、规范使用设备，并进行合理保养与维护	2	不符合要求酌情扣分		
		操作姿势和动作规范、正确	2	不符合要求酌情扣分		
6	安全及其他	安全文明生产，遵守国家颁布的有关法规或企业自定的有关规定	2	一项不符合要求扣1分，扣完为止，发生较大事故者取消阶段练习资格		
		操作步骤和工艺规程正确	2	一处不符合要求扣1分，扣完为止		
		工件局部无缺陷		不符合要求倒扣1～10分		
7	完成时间	100 min		每超过 15 min 倒扣10分；超过 30 min 不合格		
	合计		100			

教师评价	
	教师：　　　　　　　　　　　　　　　　　年　月　日

🕐 课后小结

试结合本任务完成情况，从麻花钻的刃磨方法、麻花钻的刃磨质量、钻孔的方法、钻孔的质量、安全文明生产和团队协作等方面撰写工作总结。

巩固与提高

一、填空题（将正确答案填写在横线上）

1. 麻花钻一般用＿＿＿＿＿＿制成，由于高速切削的发展，＿＿＿＿＿＿钻头也得到了广泛应用。

2. 麻花钻由＿＿＿＿、＿＿＿＿和＿＿＿＿＿＿组成。

3. 麻花钻的柄部在装夹时起＿＿＿＿作用，钻削时起＿＿＿＿＿＿的作用，分为＿＿＿＿＿＿和＿＿＿＿两种。

4. 麻花钻的工作部分由＿＿＿＿部分和＿＿＿＿部分组成。

5. 麻花钻的工作部分有两条螺旋槽，它的作用是＿＿＿＿＿＿、＿＿＿＿和＿＿＿＿＿＿。

6. 麻花钻的导向部分在钻削过程中起＿＿＿＿＿＿、＿＿＿＿＿＿的作用，同时也是切削的＿＿＿＿部分。

7. 麻花钻的前面与主后面的交线称为＿＿＿＿＿＿，担负着主要的钻削任务。麻花钻有＿＿＿＿条主切削刃。

8. 麻花钻的后角在＿＿＿＿＿＿内测量。

9. 横刃斜角的大小由＿＿＿＿决定，＿＿＿＿大时，横刃斜角减小，横刃变＿＿＿＿，横刃斜角一般为＿＿＿＿。

10. 麻花钻的横刃长会使＿＿＿＿＿＿增大。

11. 刃磨麻花钻时，一般只刃磨两个＿＿＿＿＿＿，但要同时保证＿＿＿＿、＿＿＿＿和＿＿＿＿＿＿等刃磨角度正确。

12. 麻花钻刃磨得不正确是指＿＿＿＿＿＿、＿＿＿＿＿＿、＿＿＿＿＿＿＿＿＿＿＿＿等情况。

13. 修磨横刃就是要缩短横刃的＿＿＿＿＿＿，增大＿＿＿＿＿＿的前角，减小＿＿＿＿＿＿。

14. 如果麻花钻的锥柄与尾座套筒锥孔的规格不相同，可以增加一个合适的＿＿＿＿＿＿，插入尾座套筒锥孔中。

15. 麻花钻的顶角 $2\kappa_r$>118°时，适用于钻削＿＿＿＿的材料；$2\kappa_r$=118°时，适用于钻削＿＿＿＿的材料；$2\kappa_r$<118°时，适用于钻削＿＿＿＿的材料。

二、判断题（正确的打"√"，错误的打"×"）

1. 麻花钻的后角变小时，横刃斜角也随之变小，横刃变长。　（　　）

2. 麻花钻的顶角为118°左右，横刃斜角为55°左右。　（　　）

3. 只有把麻花钻的顶角刃磨成 118° 时才能使用。 （   ）

4. 麻花钻的顶角大时，前角也增大，切削省力。 （   ）

5. 麻花钻的最外缘处前角最大，后角最小。 （   ）

6. 棱边的作用是钻削时减小麻花钻与孔壁之间的摩擦。 （   ）

7. 钻孔时不宜选择较高的机床转速。 （   ）

8. 孔将要钻穿时，进给量可以取大些。 （   ）

9. 钻铸铁工件时的进给量可比钻钢件时略大一些。 （   ）

10. 麻花钻主切削刃的位置应略低于砂轮中心平面，以免磨出负的主后角。 （   ）

11. 要把麻花钻一条主切削刃完全刃磨好，以此为基准再刃磨另一条主切削刃。

（   ）

12. 要由麻花钻刃背磨向刃口，以免造成麻花钻刃口退火或刃口出现缺损。 （   ）

13. 通常直径为 5 mm 以上的麻花钻需修磨横刃。 （   ）

14. 钻孔前，工件端面中心处允许留有凸台。 （   ）

15. 钻孔起钻时进给力较小，故起钻时进给量要大。 （   ）

16. 即将把工件钻穿时，横刃不再起阻碍作用，故进给量要大。 （   ）

三、选择题（将正确答案的代号填入括号内）

1. 标准麻花钻的螺旋角为（   ）。

A. 15°~20° B. 18°~30° C. 40°~50° D. -30°~30°

2. 麻花钻的名义螺旋角是指（   ）的螺旋角。

A. 外缘处 B. 钻心处 C. 1/3 直径处 D. 1/2 直径处

3. 对麻花钻前角影响最大的是（   ）。

A. 螺旋角 B. 后角 C. 横刃斜角 D. 顶角

4. 麻花钻的前角靠近外缘处（   ），靠近钻心处（   ）；后角靠近外缘处（   ），靠近钻心处（   ）。

A. 最大 B. 最小 C. 较小 D. 较大

5. 麻花钻前角的变化范围为（   ）。

A. 18°~30° B. -30°~30° C. 8°~12° D. -30°~55°

6. 一般标准麻花钻的顶角为（   ）。

A. 118° B. 100° C. 150° D. 132°

7. 当麻花钻的两主切削刃为凹形曲线切削刃时，其顶角 $2\kappa_r$（   ）118°。

A. > B. = C. < D. ≥

8. 麻花钻的顶角增大时，前角（   ）。

A. 增大　　　　　　　B. 减小　　　　　　　C. 无变化　　　　　　D. 为0°

9. 麻花钻的横刃太短会影响钻尖的（　　　）。

A. 耐磨性　　　　　　B. 强度　　　　　　　C. 抗振性　　　　　　D. 韧性

10. 麻花钻横刃斜角的大小是由（　　　）决定的。

A. 后角　　　　　　　B. 前角　　　　　　　C. 螺旋角　　　　　　D. 刃倾角

11. 麻花钻的横刃斜角一般为（　　　）。

A. 20°　　　　　　　B. 35°　　　　　　　C. 45°　　　　　　　D. 55°

12. 麻花钻的后角增大时，横刃斜角（　　　），横刃（　　　）。

A. 增大　　　　　　　B. 减小　　　　　　　C. 变长　　　　　　　D. 变短

13. 麻花钻上磨出棱边是为了（　　　）。

A. 减小表面粗糙度值　　　　　　　　B. 减小钻削时麻花钻与孔壁的摩擦

C. 提高麻花钻的强度　　　　　　　　D. 刃磨方便

14. 钻出的孔扩大并且倾斜，是因为麻花钻的（　　　）。

A. 顶角不对称　　　　　　　　　　　B. 切削刃长度不等

C. 顶角不对称且切削刃长度不等　　　D. 顶角过大

15. 钻孔时的背吃刀量等于麻花钻的（　　　）。

A. 直径　　　　　　　　　　　　　　B. 半径

C. 直径的2倍　　　　　　　　　　　D. 半径的一半

16. 用高速钢麻花钻钻钢件时的切削速度比钻铸铁件时（　　　）。

A. 高些　　　　　　　B. 低些　　　　　　　C. 无区别　　　　　　D. 不确定

17. 用高速钢麻花钻钻孔，若被钻削的材料为中碳钢，则选用（　　　）作为切削液。

A. 1%～2%的低浓度乳化液　　　　　B. 电解质水溶液或矿物油

C. 3%～5%的中等浓度乳化液　　　　D. 10%～20%的高浓度乳化液

四、简答题

1. 钻孔时如何判断两主切削刃是否对称?

2. 用直径为 15 mm 的麻花钻钻孔，工件材料为 45 钢，若选用车床主轴转速为 710 r/min，求背吃刀量 a_p 和切削速度 v_c。

3. 图 4-7 所示为麻花钻工作部分的结构，在图下横线上填写麻花钻的前面、主后面、主切削刃、横刃、副切削刃、副后面和棱边。

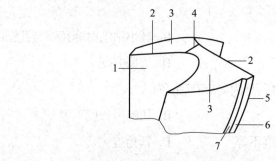

图 4-7　麻花钻工作部分的结构

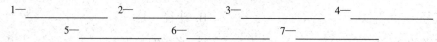

1—_____　　2—_____　　3—_____　　4—_____

5—_____　　6—_____　　7—_____

五、实训题

已知毛坯尺寸为 $\phi45$ mm×105 mm，材料为 45 钢，欲加工一轴套，在车床上钻盲孔，试整理出合理的工艺过程，如图 4-8 所示。

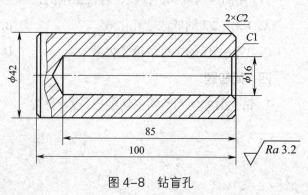

图 4-8　钻盲孔

任务二 扩 孔

🗘 任务描述

本任务是把经过项目四任务一钻孔后的衬套半成品按图 4-9 所示的形状和尺寸进行扩孔。

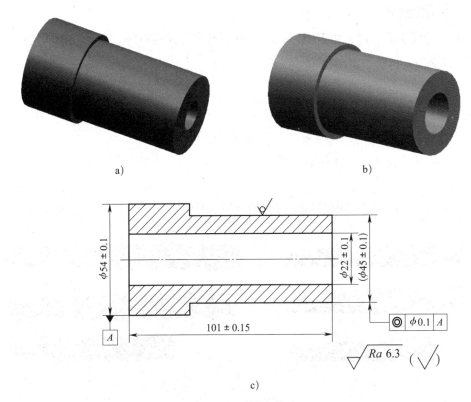

a)

b)

c)

图 4-9 对衬套扩孔

a) 钻孔工序完成的工件 b) 扩孔工序完成的工件 c) 扩孔工序图

🗘 任务准备

一、工件

如图 4-1 所示,检查经过钻孔后的衬套半成品,看其尺寸是否留出加工余量,尺寸公差是否达到要求。

二、工艺装备

1. 选择扩孔用麻花钻。孔的精度要求较低,根据图 4-9c 所示衬套的扩孔工序图的要求，选择的扩孔用麻花钻是 $\phi 22$ mm 高速钢麻花钻。

2. 准备 F46～F60 的白色氧化铝砂轮、油石、游标万能角度尺、三爪自定心卡盘、90° 粗车刀、45° 车刀、莫氏过渡锥套、分度值为 0.02 mm 的 0～150 mm 游标卡尺、10%～15% 的乳化液。

三、设备

准备 CA6140 型卧式车床。

✖ 任务实施

一、新课准备

1. 通过观察生活、深入生产实际以及在互联网上收集资料等，有条件的同学可以拍些照片，进行交流及讨论，试举例说明扩孔钻的类型。

2. 收集有关扩孔钻类型的资料，尤其是新型或高性能扩孔钻，如图 4-10 所示。

a)   b)

图 4-10　扩孔钻

a）整体硬质合金三刃扩孔钻　b）高速钢扩孔钻

二、理论学习

1. 新课入门

（1）复习项目四任务一的相关内容：在实心材料上钻孔，一般情况下用钻头进行钻削。如果孔径小，可一次钻出；如果孔径大，钻头直径也大，横刃长，进给抗力大，钻削时很费力，甚至出现钻削困难的情况，则一般分两次钻削，就需要进行扩孔。

（2）用具体实例说明扩孔的方法，如钻 $\phi 50$ mm 的孔，可用 $\phi 30$ mm 的钻头先钻一个孔，然后用 $\phi 50$ mm 的钻头扩孔，分两次完成该孔的加工。

2. 用麻花钻扩孔

怎样用麻花钻扩孔?

3. 用扩孔钻扩孔

扩孔钻有哪两种? 扩孔的特点有哪些?

三、实践操作

1. 初学者可以用衬套进行扩孔的技能训练。生产中钻孔后可以不经过扩孔而直接车孔。

2. 同组同学相互配合,对砂轮进行修整,刃磨、修磨扩孔用麻花钻,这与刃磨麻花钻的操作基本相同。扩孔时,应把钻头外缘处的前角修磨得小些,磨出双重顶角,这样可以改善钻头外缘转角处的散热条件,提高钻头强度,并可减小孔壁的表面粗糙度值。

3. 检测扩孔用麻花钻的几何角度,用油石研磨主切削刃。

4. 同组同学相互配合,完成扩孔任务:

(1)将"内2外5"莫氏过渡锥套插入尾座锥孔中,装夹修磨好的 $\phi22$ mm 麻花钻。

(2)移动尾座,在麻花钻离工件端面 5~10 mm 处锁紧尾座。

(3)选取主轴转速为 250 r/min。双手摇动尾座手轮均匀进给,手动进给量为 0.8 mm/r,麻花钻直径为 22 mm。同时浇注充足的乳化液作为切削液。

💬 任务测评

每位同学完成刃磨、修磨扩孔用麻花钻及扩孔操作后,卸下麻花钻和工件,仔细测量并确定工件是否符合图样要求,填写刃磨、修磨扩孔用麻花钻及扩孔的评分表(见表4-2),对刃磨、修磨的扩孔用麻花钻及扩孔的工件进行评价。

针对出现的质量问题分析出原因,总结出改进措施。

表4-2 刃磨、修磨扩孔用麻花钻及扩孔的评分表

序号	考核项目		考核内容和要求	配分	评分标准	检测结果	得分
1	刃磨麻花钻	主后角 α_o	$10° \sim 14°$（外缘处的圆周后角）	5	超差不得分		
		双重顶角	$118° \pm 2°$（第一顶角）	6	超差不得分		
			$70° \sim 75°$（第二顶角）	6	超差不得分		
		横刃斜角 ψ	$55° \pm 2°$	4	超差不得分		
		4条主切削刃	4条切削刃长度差≤0.1 mm	4	超差不得分		
			4条切削刃平直且无锯齿	8	不符合要求不得分		
			4条切削刃不能被局部磨掉	8	不符合要求不得分		
			4条切削刃刃口不能退火	8	不符合要求不得分		
		主后面表面粗糙度	$Ra \leqslant 1.6 \, \mu m$（4处）	2×4	不符合要求不得分		
		修磨外缘处前面	外缘处的前角适当减小（2处）	3×2	不符合要求不得分		
2	扩孔	孔径	$\phi（22 \pm 0.1）mm$	4	超差不得分		
		长度	孔要钻通	3	不符合要求不得分		
		表面粗糙度	$Ra \leqslant 6.3 \, \mu m$	4	不符合要求不得分		
		同轴度	◎ $\phi0.1$ A	4	超差不得分		
3	外圆	外径	$\phi（54 \pm 0.1）mm$	2	超差不得分		
		总长	$（101 \pm 0.15）mm$	4	超差不得分		
		表面粗糙度	$Ra \leqslant 6.3 \, \mu m$	3	不符合要求不得分		
4	端面	表面粗糙度	$Ra \leqslant 6.3 \, \mu m$	3	不符合要求不得分		

序号	考核项目	考核内容和要求	配分	评分标准	检测结果	得分
5	工具、设备的使用与维护	正确、规范使用工具、量具、刃具，并进行合理保养与维护	2	不符合要求酌情扣分		
		正确、规范使用设备，并进行合理保养与维护	2	不符合要求酌情扣分		
		操作姿势和动作规范、正确	2	不符合要求酌情扣分		
6	安全及其他	安全文明生产，遵守国家颁布的有关法规或企业自定的有关规定	2	一项不符合要求扣1分，扣完为止，发生较大事故者取消阶段练习资格		
		操作步骤和工艺规程正确	2	一处不符合要求扣1分，扣完为止		
		工件局部无缺陷		不符合要求倒扣1~10分		
7	完成时间	120 min		每超过15 min倒扣10分；超过30 min不合格		
合计			100			
教师评价		教师： 年 月 日				

课后小结

试结合本任务完成情况，从扩孔钻的刃磨方法、扩孔钻的刃磨质量、扩孔的方法、扩孔的质量、安全文明生产和团队协作等方面撰写工作总结。

📝 巩固与提高

一、填空题（将正确答案填写在横线上）

1. 扩孔精度一般可达_____级，表面粗糙度 Ra 值达_____μm。

2. 常用的扩孔工具有_____和_____等。

3. 精度要求较低的孔一般用_____扩孔，精度要求较高的孔的半精加工则采用_____扩孔。

4. 用麻花钻扩孔时，首先应钻出直径为_____的孔，然后扩削到所需的孔径 D。

5. 扩孔时，应把钻头外缘处的前角修磨得_____，并对_____加以适当控制。

6. 扩孔时的背吃刀量是_____。

二、判断题（正确的打"√"，错误的打"×"）

1. 扩孔时的进给量可比钻孔时大一倍。   （   ）

2. 扩孔时的背吃刀量是扩孔钻直径的一半。   （   ）

3. 在实体材料上钻孔，孔径较小时可以用麻花钻一次钻出；若孔径较大，超过 30 mm，应先钻孔再进行扩孔。   （   ）

4. 精度要求较高的孔一般用麻花钻扩孔，精度要求较低的孔的半精加工则采用扩孔钻扩孔。   （   ）

5. 用扩孔钻扩孔，常作为铰孔前的半精加工。钻孔后进行扩孔，可以纠正孔的轴线偏差，使其获得较高的形状精度。   （   ）

6. 扩孔钻的钻心粗，刚度足够，且扩孔时背吃刀量小，切屑少，排屑容易，可提高切削速度和进给量。   （   ）

7. 扩孔时，应把钻头外缘处的前角修磨得小些。   （   ）

8. 扩孔时，应适当控制手动进给量，不要因为钻削轻松而盲目加大进给量，尤其是孔将要钻穿时。   （   ）

9. 扩孔钻在自动车床和镗床上用得较多。   （   ）

三、选择题（将正确答案的代号填入括号内）

扩孔精度一般可达（   ），表面粗糙度 Ra 值达（   ），可作为孔的半精加工。

A. IT11～IT10 级；12.5～6.3 μm

B. IT9～IT8 级；6.3～1.6 μm

C. IT8～IT7 级；3.2～1.6 μm

四、简答题

1. 简述扩孔时的注意事项。

2. 扩孔钻的特点主要有哪些?

3. 加工直径为 60 mm 的孔,先用 ϕ30 mm 的麻花钻钻孔,选用车床主轴转速为 250 r/min,然后用同样的切削速度,用 ϕ60 mm 的麻花钻将孔扩大,求:

(1)扩孔时的背吃刀量。

(2)扩孔时车床主轴转速。

五、实训题

工件为项目四任务一完成的轴套半成品，在车床上完成扩孔任务，试整理出合理的工艺过程，如图 4-11 所示。

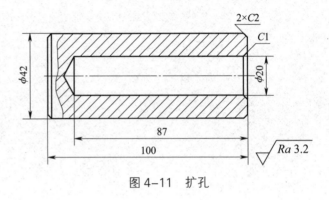

图 4-11　扩孔

任务二　车　　孔

🌐 任务描述

衬套由内孔、外圆、端面、倒角组成，本任务是为零件后续加工做准备的半精加工，所以尺寸精度和表面质量要求相对较高。

在项目四任务一、任务二中已经完成了衬套的钻孔、扩孔任务，本任务要求把任务二完成的衬套半成品通过车孔工序加工至图 4-12 所示的形状和尺寸。

本任务的主要内容包括内孔车刀的种类、内孔车刀的几何参数和内孔车刀的刃磨。首先，通过学习理论知识，系统地了解内孔车刀的几何参数；然后，进行实践操作，练习内孔车刀的刃磨；最后，掌握内孔车刀的装夹、内孔的车削、内孔直径和长度的测量方法。

a)

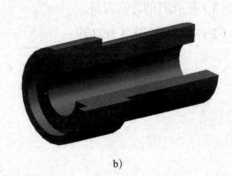

b)

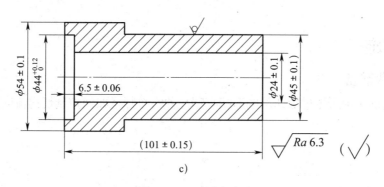

图 4-12 对衬套车孔

a）扩孔工序完成的工件   b）车孔工序完成的工件   c）车孔工序图

学习车孔的知识和技能时可参照以下步骤：

任务准备

一、工件

如图 4-9 所示，检查经过扩孔后的衬套半成品，看其尺寸是否留出车孔余量，几何精度是否达到要求。

二、工艺装备

准备前排屑通孔车刀、后排屑盲孔车刀、砂轮、油石、三爪自定心卡盘、分度值为 0.02 mm 的 0～150 mm 游标卡尺等。

三、设备

准备砂轮机、CA6140 型卧式车床。

✄ 任务实施

一、新课准备

回顾实践操作中所见过的切屑的形状有哪几种？教师是如何控制切屑流向的？

二、理论学习

本任务的重点是内孔车刀的特点和车孔的关键技术，难点是内孔车刀的几何角度和增大刀柄截面积的方法。认真听课，配合教师的提问、启发和互动，回答以下问题：

1. 内孔车刀

（1）内孔车刀可分为哪两种？

（2）根据不同的加工情况，对比两种内孔车刀（通孔车刀和盲孔车刀）的特点。

2. 车孔的关键技术

（1）车孔的关键技术是什么？

（2）提高内孔车刀刚度的措施有哪些？

3. 车台阶孔和盲孔

（1）简述车台阶孔的方法。

（2）简述控制车孔深度的方法。

4. 车孔时切削用量的选择

车孔时的切削用量比车外圆时小，主要从车孔的特点和刀柄刚度两个方面分析其原因。

三、实践操作

1. 仔细观看教师演示刃磨内孔车刀（前排屑通孔车刀、后排屑盲孔车刀）的方法，记住动作要领，试着刃磨一把内孔车刀。

内孔车刀的刃磨顺序如下：

粗磨主后面→粗磨副后面→粗磨前面和断屑槽→精磨主后面→精磨副后面→精磨前面→精磨断屑槽→修磨刀尖圆弧。

2. 仔细观看教师演示内孔车刀的装夹方法、车通孔与台阶孔的方法。记住动作要领，试着加工本任务的工件。

（1）同组同学相互配合，找正并夹紧工件。

（2）内孔车刀的装夹

1）刀尖必须与工件轴线等高或稍高一些，如果装得低于工件轴线，就容易在切削力的作用下产生扎刀现象，从而把内孔车大。

2）刀柄伸出长度应尽可能短，刀柄基本平行于工件轴线。

3）装夹盲孔车刀时要保证 $\kappa_r > 90°$，且刀尖必须与工件轴线等高；否则内孔底面车不平。

（3）选择粗车和精车的切削用量，并调整机床。

（4）同组同学相互配合，粗车、精车通孔和台阶孔。基本上与车外圆一样，只是进刀和退刀的方向相反。严格按照尺寸要求进行各表面的加工。

（5）经检查各尺寸合格后，去毛刺，卸下工件。

操作提示

严格按照安全文明操作规程进行加工。

（6）同组同学相互配合，分析车孔时产生废品的原因和预防方法，进行自检和互检，找出不足之处并进行总结。

任务测评

每位同学完成车孔操作后，卸下工件，仔细测量并确定工件是否符合图样要求，填写车孔评分表（见表4-3），对车孔工件进行评价。

针对出现的质量问题分析出原因，总结出改进措施。

表4-3　车孔评分表

序号	考核项目	考核内容和要求	配分	评分标准	检测结果	得分
1	通孔	$\phi(24 \pm 0.1)$ mm	12	超差不得分		
		孔要车通	12	不符合要求不得分		
		$Ra \leqslant 6.3\ \mu m$	12	不符合要求不得分		
2	台阶孔	$\phi 44_{0}^{+0.12}$ mm	12	超差不得分		
		(6.5 ± 0.06) mm	12	超差不得分		
		$Ra \leqslant 6.3\ \mu m$	20	不符合要求不得分		

续表

序号	考核项目	考核内容和要求	配分	评分标准	检测结果	得分
3	工具、设备的使用与维护	正确、规范使用工具、量具、刃具，并进行合理保养与维护	4	不符合要求酌情扣分		
		正确、规范使用设备，并进行合理保养与维护	4	不符合要求酌情扣分		
		操作姿势和动作规范、正确	2	不符合要求酌情扣分		
4	安全及其他	安全文明生产，遵守国家颁布的有关法规或企业自定的有关规定	6	一项不符合要求扣2分，扣完为止，发生较大事故者取消阶段练习资格		
		操作步骤和工艺规程正确	4	一处不符合要求扣2分，扣完为止		
		工件局部无缺陷		不符合要求倒扣1~10分		
5	完成时间	45 min		每超过15 min倒扣10分；超过30 min不合格		
	合计		100			

教师评价	
	教师：　　　　　　　　　　　　　　　年　月　日

课后小结

试结合本任务完成情况，从内孔车刀的种类和选择要求、车孔的方法、车孔的质量、安全文明生产和团队协作等方面撰写工作总结。

课后阅读

在切削过程中，刀具推挤工件，使工件上的一层金属产生弹性变形，刀具继续进给时，在切削力的作用下金属产生不能恢复的滑移（即塑性变形）。当塑性变形超过金属的抗拉强度时，金属就从工件上断裂下来成为切屑。随着切削的继续进行，切屑不断产生，逐步形成已加工表面。

一、切屑的形状

由于工件材料和切削条件不同，切削过程中工件变形程度也不同，因此产生了各种不同类型的切屑。切屑的形状见表4-4，其中比较理想的是短弧形切屑、短环形螺旋切屑和短锥形螺旋切屑。

表4-4　切屑的形状

切屑形状	切屑特征		
	长	短	缠乱
带状切屑	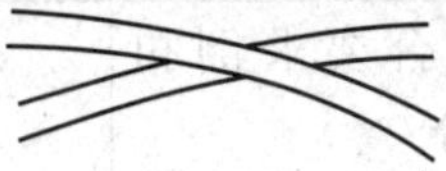	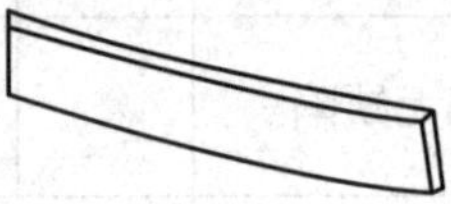	
管状切屑	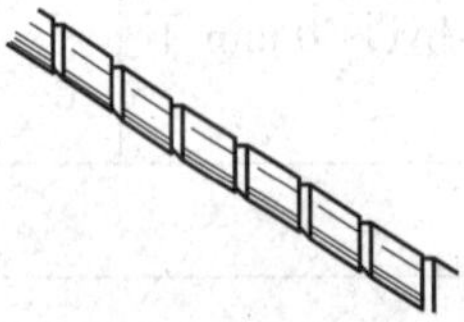	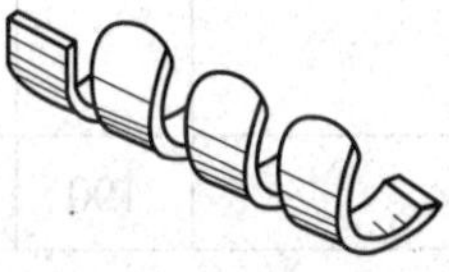	
盘旋状切屑	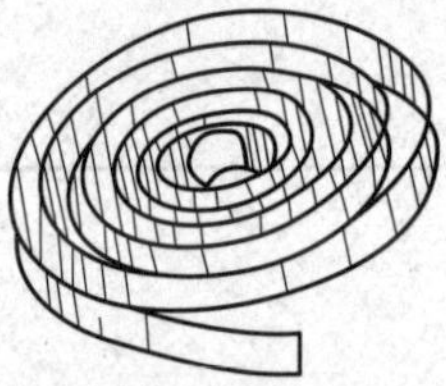	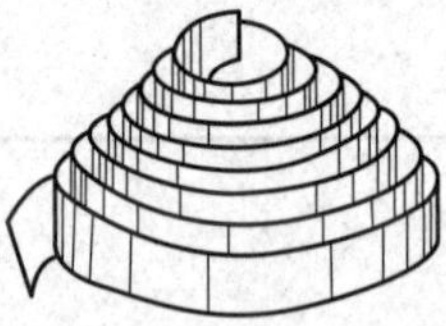	
环形螺旋切屑	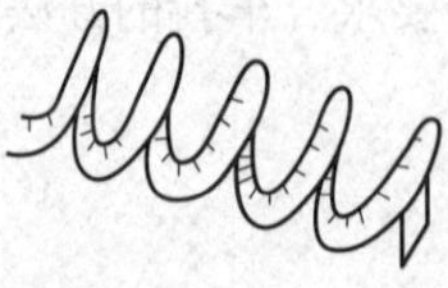	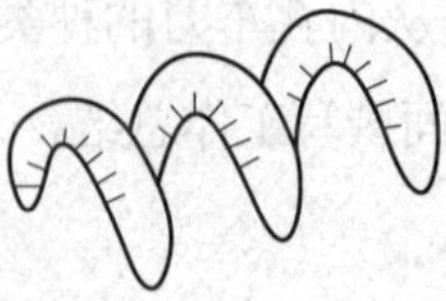	
锥形螺旋切屑	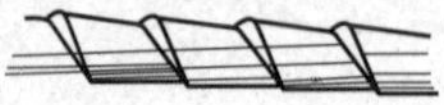	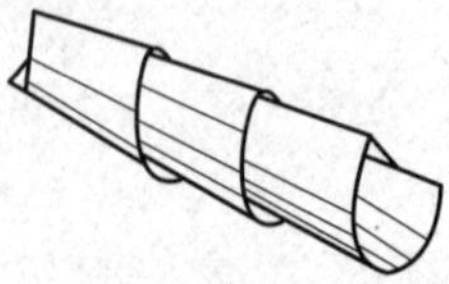	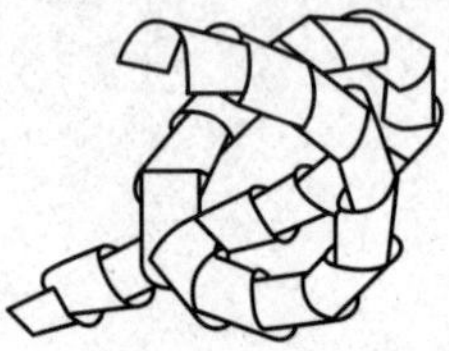

切屑形状	切屑特征		
	长	短	缠乱
弧形切屑			
单元切屑			

在生产中最常见的是带状切屑，产生带状切屑时，切削过程比较平稳，因此工件表面较光滑，刀具磨损也较慢。但带状切屑过长时会妨碍加工，并容易发生人身安全事故，所以应采取断屑措施。

二、切屑的控制

车削过程中通过采取合理开设断屑槽、正确选择刀具的几何角度和切削用量等措施控制切屑的形状。

1. 断屑槽

断屑槽的宽度对断屑效果影响很大。槽宽越小，切屑的弯曲半径越小，承受的弯曲变形越大，越容易折断。断屑槽宽度必须与进给量 f 和背吃刀量 a_p 联系起来考虑。进给量和背吃刀量小时，断屑槽宽度应适当减小。

2. 车刀角度

车刀角度中主偏角 κ_r 和刃倾角 λ_s 对断屑影响较为明显。

背吃刀量 a_p 和进给量 f 选定后，主偏角 κ_r 增大，切屑易折断。主偏角 $\kappa_r=75° \sim 93°$ 时，断屑效果最好。

用刃倾角 λ_s 控制切屑的流向，刃倾角 λ_s 为负值时，切屑流向已加工表面或过渡表面，易形成"C"形切屑或"6"字形切屑；刃倾角 λ_s 为正值时，切屑流向待加工表面或与车刀主后面相碰，易形成管状切屑或"C"形切屑。

3. 切削用量

切削用量中对断屑影响最大的是进给量 f，其次是背吃刀量 a_p。进给量 f 增大，切削厚度增大，切屑易折断。若增大背吃刀量，减小进给量，则切削宽度增大，切削厚度减小，切屑不易折断。

实际加工中对切屑形状的控制要结合具体情况进行综合考虑。

巩固与提高

一、填空题（将正确答案填写在横线上）

1. 车孔精度可达_____级，表面粗糙度 Ra 值达_____μm。车孔的加工范围很广，可以作为_____加工，也可以作为_____加工。

2. 内孔车刀可分为_____和_____两种。

3. 盲孔车刀用来车削_____或_____。盲孔车刀的刀尖在刀柄的_____，刀尖与刀柄外端的距离应_____内孔半径，同时_____应与工件中心严格对准；否则就无法车平盲孔的底平面。

4. 内孔车刀常用刀柄有_____和_____。通孔车刀_____和盲孔车刀_____根据孔径和孔的深度制成几组，以便在加工时选用。

5. 车削过程中通过合理刃磨_____、正确选择刀具的_____和_____等措施控制切屑的形状。

二、判断题（正确的打"√"，错误的打"×"）

1. 车孔能修正孔的直线度误差。 （   ）

2. 前排屑通孔车刀的刃倾角为正值，后排屑盲孔车刀的刃倾角为负值。 （   ）

3. 盲孔车刀的主偏角应大于90°。 （   ）

4. 盲孔车刀的副偏角应比通孔车刀大些。 （   ）

5. 车孔时，若内孔车刀刀尖高于工件中心，则前角增大，后角减小。 （   ）

6. 车孔时中滑板进、退方向与车外圆时相反。 （   ）

7. 车削台阶孔时，要防止内孔车刀与台阶碰撞，在内孔车刀刀尖接近孔底面时，必须改手动进给为机动进给。 （   ）

三、选择题（将正确答案的代号填入括号内）

1. 通孔车刀的主偏角一般取（   ），盲孔车刀的主偏角一般取（   ）。

A. 35°～45°　　　　B. 60°～75°　　　　C. 90°～95°　　　　D. 0°～30°

2. 前排屑通孔车刀的刃倾角应选择（   ）。

A. 正值　　　　　　　　　　　　　B. 负值

C. 0°　　　　　　　　　　　　　　D. 以上选项均不正确

3. 内孔车刀的刀尖位于刀柄的中心线上，这样刀柄的截面积可达到（   ）。

A. 最大程度　　　　　　　　　　　B. 孔截面积的 1/4 左右

C. 孔截面积的 1/2 左右　　　　　　D. 最小值

4. 内孔车刀的后面如果刃磨成（   ），刀柄的截面积必然减小。

A. 两个后角   B. 一个大后角   C. 圆弧状   D. 直线状

5. 车孔时的进给量要比车外圆时小（   ），切削速度要比车外圆时低（   ）。

A. 20% ~ 40%   B. 30% ~ 50%   C. 10% ~ 20%   D. 50%

6. 切削过程中，（   ）切屑不是理想的切屑类型。

A. 带状   B. 短弧形   C. 短环形螺旋   D. 短锥形螺旋

7. 下列选项中不会产生较好断屑效果的措施是（   ）。

A. 断屑槽宽度减小   B. 主偏角增大

C. 断屑槽宽度增大   D. 进给量增大

四、简答题

1. 图 4-13 所示的内孔车刀分别是哪种？它们的异同点有哪些？内孔车刀还有哪些种类？

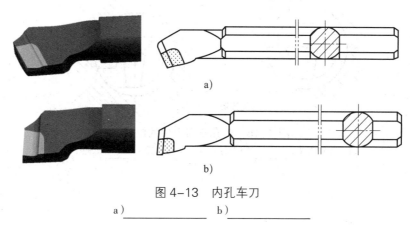

a)

b)

图 4-13　内孔车刀

a）＿＿＿＿＿＿＿＿   b）＿＿＿＿＿＿＿＿

2. 车孔的关键技术问题是什么？如何解决？

3. 以图 4-14 为例说明装夹内孔车刀的要求。

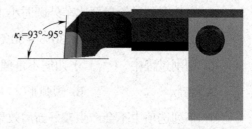

图 4-14　内孔车刀的装夹

4. 以图 4-15 为例说明装夹内孔车刀时刀尖的位置及其对加工的影响。

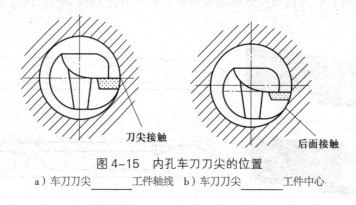

图 4-15　内孔车刀刀尖的位置
a）车刀刀尖＿＿＿＿＿工件轴线　b）车刀刀尖＿＿＿＿＿工件中心

5. 填写表 4-5 中车台阶孔和盲孔的方法。

表 4-5　车台阶孔和盲孔的方法

内容	图示	控制方法
车台阶孔的方法	（刻线记号）	＿＿＿＿＿控制孔深

内容	图示	控制方法
车盲孔的方法	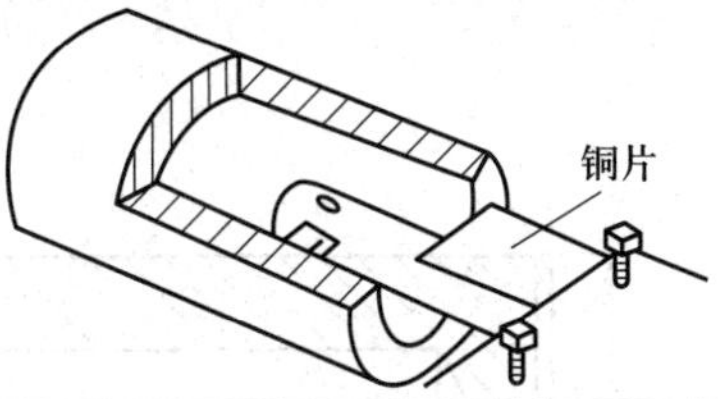	＿＿＿＿＿控制孔深
		＿＿＿＿＿控制孔底
	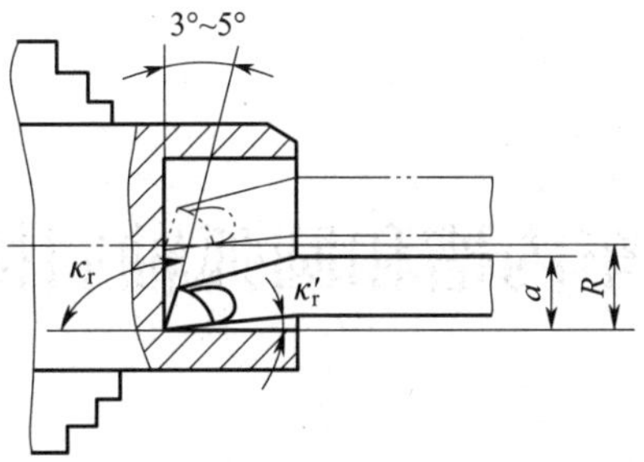	＿＿＿＿＿控制孔底

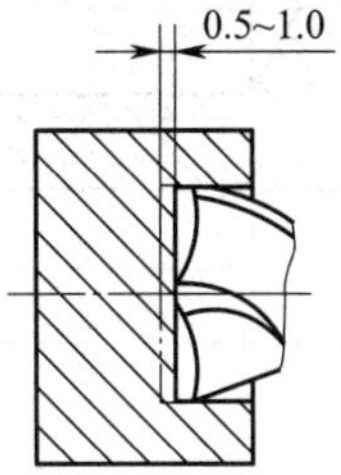

6. 车孔时导致内孔有锥度的原因有哪些?

7. 车孔时如何提高表面质量?

五、实训题

工件为项目四任务二完成的轴套半成品，在车床上完成车孔工作，试整理出合理的工艺过程，如图 4-16 所示。

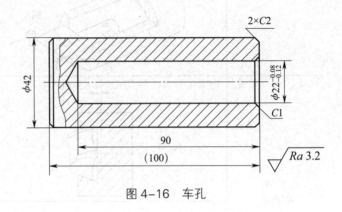

图 4-16　车孔

任务㈣　车内槽和圆弧轴肩槽

⚙️任务描述

在项目四任务一～任务三中已经完成了衬套的钻孔、扩孔、车孔任务，本任务要求对车孔后的衬套半成品车 $\phi28$ mm × 8 mm 的内槽和 $R4$ mm 的圆弧轴肩槽，如图 4-17 所示。

车削时，由于内槽较宽，刃磨内槽车刀时，使其刀宽小于槽宽，分两次进给车削，注意轴向距离，车内槽至要求的尺寸。

首先，学习常见内槽和圆弧轴肩槽的类型，选择并刃磨内槽车刀和圆弧轴肩槽车刀；然后，学习车内槽和圆弧轴肩槽的技能以及各种槽的检测方法。

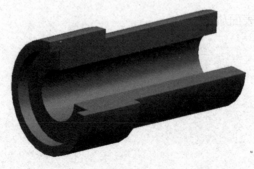

a)

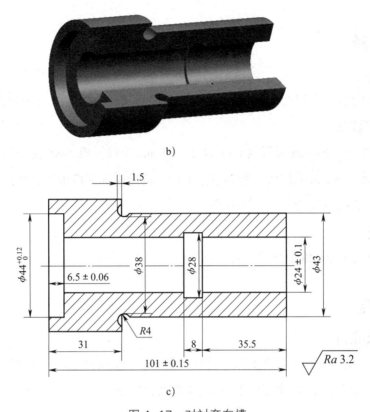

图 4–17　对衬套车槽
a）车孔工序完成的工件　b）车槽工序完成的工件　c）车槽工序图

学习车内槽和圆弧轴肩槽的知识和技能时可参照以下步骤：

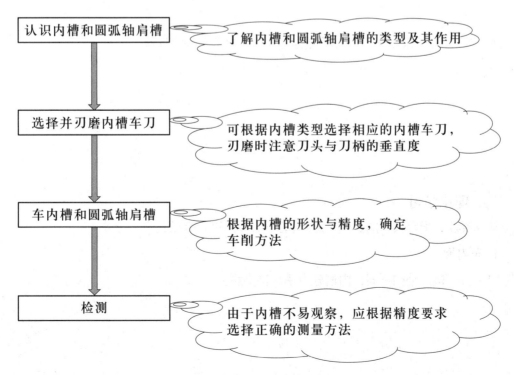

任务准备

一、工件

如图 4-12 所示，检查经过车孔后的衬套半成品，其尺寸精度和几何精度应达到要求。

二、工艺装备

准备内槽车刀、$R4$ mm 圆弧轴肩槽车刀、$R4$ mm 半径样板、90°粗车刀、软卡爪、弹簧内卡钳、宽度为 8 mm 的样板、弯脚游标卡尺、钩形游标深度卡尺、直角尺、分度值为 0.02 mm 的 0~150 mm 游标卡尺、油石等。

三、设备

准备砂轮机、CA6140 型卧式车床。

任务实施

一、新课准备

1. 通过观察生活、深入生产实际以及在互联网上收集资料等，有条件的同学可以拍些照片，进行交流及讨论，试举例说明内槽的类型及其作用。

2. 收集有关圆弧轴肩槽和端面槽的类型及其加工方法的资料。

二、理论学习

认真听课，配合教师的提问、启发和互动，回答以下问题：

1. 车内槽

（1）根据槽的结构不同，内槽分为哪几种类型？

（2）装夹内槽车刀时有哪些注意事项？

（3）车内槽时如何控制内槽深度和位置？

2. 车圆弧轴肩槽

简述车圆弧轴肩槽的步骤。

三、实践操作

1. 仔细观看教师演示刃磨内槽车刀和圆弧轴肩槽车刀的方法，记住动作要领，试着刃磨内槽车刀和圆弧轴肩槽车刀。

2. 仔细观看教师演示衬套车槽的方法，记住动作要领。

（1）装夹内槽车刀，装夹方向与车槽刀相反，其余相同。

（2）同组同学相互配合，装夹衬套并用百分表找正，也可采用软卡爪装夹，车 $\phi 28$ mm×8 mm 的内槽。

操作提示

装夹衬套时夹紧力不要过大，以防止将工件夹伤而导致变形。

（3）同组同学相互配合，选择切削用量，调整车床各手柄位置，同时操纵中滑板和小滑板，车 $R4$ mm 圆弧轴肩槽至符合图样尺寸要求。

任务测评

每位同学完成刃磨内槽车刀、圆弧轴肩槽车刀及车内槽和圆弧轴肩槽操作后，卸下车刀和工件，仔细测量并确定工件是否符合图样要求，填写刃磨内槽车刀、圆弧轴肩槽车刀及车内槽和圆弧轴肩槽评分表（见表4-6），对刃磨的车刀及车削的工件进行评价。

针对出现的质量问题分析出原因，总结出改进措施。

（1）内槽的槽底直径28 mm用弹簧内卡钳配合游标卡尺测量，内槽宽8 mm用样板检测。

（2）内槽的位置尺寸35.5 mm用钩形游标深度卡尺测量。

（3）圆弧轴肩槽用$R4$ mm半径样板透光检查，看接触面光线是否均匀。

表4-6　刃磨内槽车刀、圆弧轴肩槽车刀及车内槽和圆弧轴肩槽评分表

序号	考核项目	考核内容和要求	配分	评分标准	检测结果	得分
1	内槽车刀的几何参数	切削刃宽度 $a=(4\pm0.1)$ mm	3	超差不得分		
		刀头长度 $L=4\sim5$ mm	3	超差不得分		
		$\kappa_r=90°\pm1°$	3	超差不得分		
		$\kappa'_r=1°\sim1°\,30'$（2处）	3×2	超差不得分		
		$\gamma_o=15°\sim20°$	3	超差不得分		
		$\alpha_o=6°\sim8°$	3	超差不得分		
		$\alpha'_o=1°\sim2°$（2处）	3×2	超差不得分		
		两副后角对称	3	不符合要求不得分		
		两副偏角对称	3	不符合要求不得分		
		各刀面 $Ra\leqslant1.6\,\mu m$（4处）	2×4	不符合要求不得分		
2	内槽	$\phi28$ mm	3	超差不得分		
		8 mm	3	超差不得分		
		35.5 mm	3	超差不得分		
		$Ra\leqslant3.2\,\mu m$	3	每降一级扣1分		
		内槽两侧面垂直、清根	3	不符合要求不得分		

序号	考核项目	考核内容和要求	配分	评分标准	检测结果	得分
3	轴肩槽车刀	圆弧切削刃 $R4$ mm	3	不符合要求不得分		
		圆弧切削刃曲线圆滑	3	不符合要求不得分		
		副后面磨成大圆弧	3	不符合要求不得分		
		$\alpha_o=6° \sim 8°$	3	不符合要求不得分		
		其他几何角度符合 $90°$ 车刀的要求	3	不符合要求不得分		
		各刀面 $Ra \leqslant 1.6$ μm（4处）	2×4	不符合要求不得分		
4	轴肩槽	$R4$ mm	3	不符合要求不得分		
		轴肩槽圆弧曲线圆滑	3	不符合要求不得分		
		$\phi38$ mm	3	超差不得分		
		1.5 mm	3	超差不得分		
		轴肩槽圆弧面 $Ra \leqslant 3.2$ μm	3	不符合要求不得分		
5	工具、设备的使用与维护	正确、规范使用工具、量具、刀具，并进行合理保养与维护	1	不符合要求酌情扣分		
		正确、规范使用设备，并进行合理保养与维护	1	不符合要求酌情扣分		
		操作姿势和动作规范、正确	1	不符合要求酌情扣分		
6	安全及其他	安全文明生产，遵守国家颁布的有关法规或企业自定的有关规定	2	一项不符合要求扣1分，扣完为止，发生较大事故者取消阶段练习资格		

续表

序号	考核项目	考核内容和要求	配分	评分标准	检测结果	得分
6		操作步骤和工艺规程正确	1	一处不符合要求扣0.5分，扣完为止		
		工件局部无缺陷		不符合要求倒扣1~10分		
7	完成时间	150 min		每超过 15 min 倒扣10分；超过 30 min 不合格		
	合计		100			
教师评价		教师：			年 月 日	

📑 课后小结

试结合本任务完成情况，从内槽的类型和车削方法、内槽和圆弧轴肩槽车刀的刃磨质量、内槽和圆弧轴肩槽的车削质量、安全文明生产和团队协作等方面撰写工作总结。

📚 课后阅读

一、内槽的种类和作用

机器零件中常见的内槽种类及其作用见表 4-7。

表 4-7　常见的内槽种类及其作用

内槽种类	图例	作用
退刀槽		在车削内螺纹、车孔、磨孔时用于退刀

内槽种类	图例	作用
密封槽	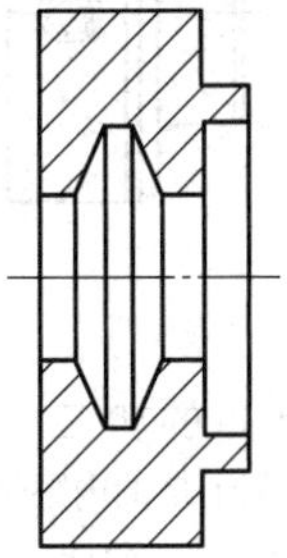	在内 V 形槽内嵌入油毛毡，防止轴上润滑油溢出及起防尘作用
轴向定位槽	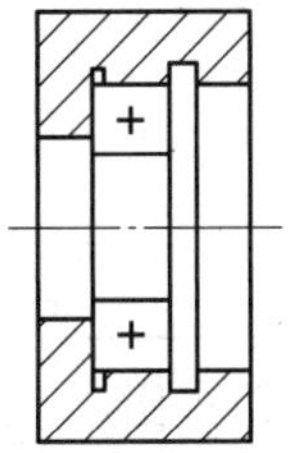	在内孔适当位置的内槽中嵌入弹性挡圈，实现相关零件的轴向定位
储油槽	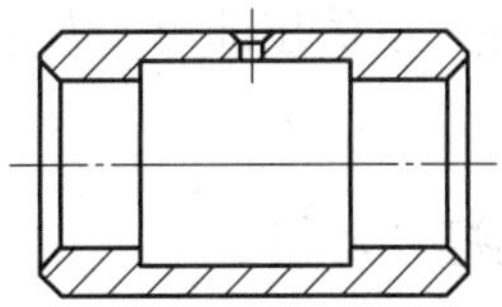	用于通过及储存润滑油，这种较长的内槽还方便轴套内孔的加工，并可获得较高的定位精度
油、气通道槽	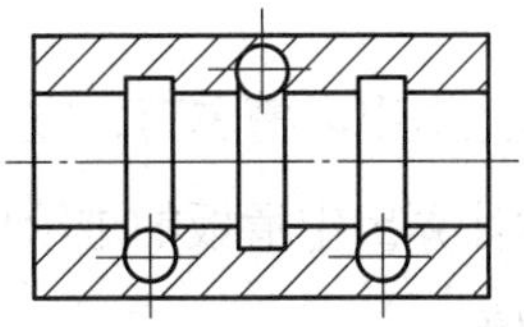	在液压或气动滑阀中加工的内槽用于通油或通气

二、软卡爪

在加工外圆直径很大、内孔直径较小、定位长度较短的工件时，多以外圆为基准保证工件的位置精度。此时，一般应用软卡爪装夹工件。

软卡爪用未经淬火的 45 钢制成，这种卡爪是在车床上车削成形的，因此可确保装夹精度；用软卡爪装夹已加工表面或软金属时，不易夹伤工件表面；同时还可根据工件的特殊形状相应地加工软卡爪，以满足工件装夹的要求。因此，软卡爪在企业中已得到越来越广泛的应用。

软卡爪的加工如图 4-18 所示，车削夹紧工件的软卡爪的内限位台阶时，定位圆柱应放在软卡爪的里面，用软卡爪底部将其夹紧。

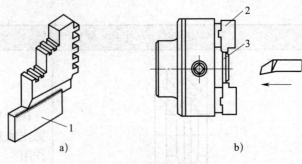

图 4-18　软卡爪的加工

a）焊接式软卡爪　b）车削卡爪的内限位台阶

1、2—软卡爪　3—定位圆柱

巩固与提高

一、填空题（将正确答案填写在横线上）

1. 根据槽的结构不同，内槽有＿＿＿＿＿、＿＿＿＿＿和＿＿＿＿＿＿等几种。

2. 内 V 形槽的车削方法一般是先用内槽车刀车出＿＿＿＿＿，然后用＿＿＿＿＿＿＿＿＿车削成形。

3. 刃磨车槽刀时，通常先将＿＿＿＿＿副后面磨出即可，刀宽的余量应放在车刀＿＿＿＿＿磨去。

二、判断题（正确的打"√"，错误的打"×"）

1. 刃磨圆弧轴肩槽车刀时，右手握刀头前端为支点，左手转动刀柄尾部，使刀头呈圆弧状，刃磨后用半径样板进行检测。　　　　　　　　　　　　　（　　）

2. 中滑板刻度已到槽深尺寸时不要马上退出内槽车刀，应稍作停留。　（　　）

3. 控制内槽深度时，要根据内槽深度计算出中滑板的进给格数，并在进给终止的相应刻度位置用记号笔做出标记或记下该刻度值。　　　　　　　　　　（　　）

三、简答题

1. 轴肩槽有哪几种形式？

2. 用软卡爪装夹工件适用于哪种加工场合？

3. 车内槽时产生振动的原因是什么？

四、实训题

1. 工件为项目四任务三完成的轴套半成品，在车床上完成车内槽工作，试整理出合理的工艺过程，如图 4-19 所示。

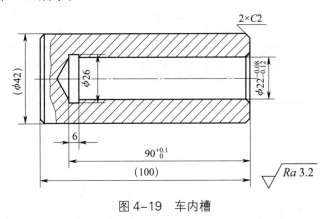

图 4-19 车内槽

2. 根据表 4-8 所列的尺寸写出车内槽的操作步骤并完成加工。

表 4-8　车内槽

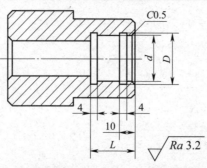

次数	d/mm	D/mm	L/mm
1	$36^{+0.039}_{0}$	38	24
2	$39^{+0.039}_{0}$	41	26
3	$42^{+0.039}_{0}$	45	28
4	$46^{+0.039}_{0}$	50	30
练习内容	材料	下料尺寸	件数	工时 /min
车内槽	HT150		1 件	45/180

任务五　铰　　孔

🛠️任务描述

在项目四任务一～任务四中已经完成了衬套的钻孔、扩孔、车孔、车槽任务，本任务要求对车槽后的衬套半成品进行铰孔，如图 4-20 所示。为了保证内孔 $\phi 25H7$（$^{+0.021}_{0}$）的加工质量，提高生产效率，内孔精加工选用铰削最为合适。

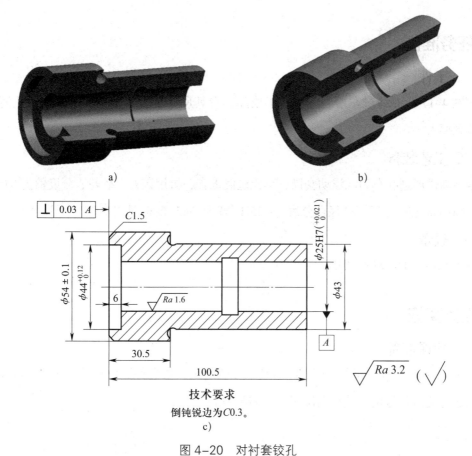

图 4-20　对衬套铰孔

a）车槽工序完成的工件　b）铰孔工序完成的工件　c）铰孔工序图

　　本任务的主要内容包括铰刀的几何形状和种类、铰刀的选择和装夹、铰削余量的确定、铰孔的方法。本任务的重点是掌握铰刀的几何形状和铰孔方法。

　　学习铰孔的知识和技能时可参照以下步骤：

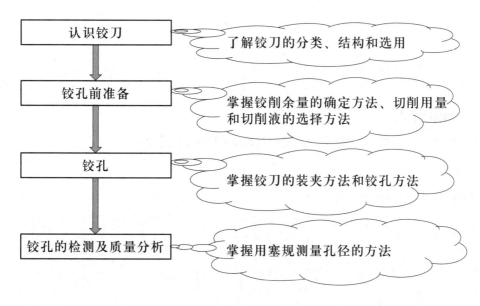

任务准备

一、工件

按图 4–17 检测经过车槽后的衬套半成品，看其尺寸是否留出精加工余量，几何精度是否达到要求。

二、工艺装备

准备前排屑通孔车刀、浮动套筒、莫氏过渡锥套、机用铰刀、砂轮、分度值为 0.02 mm 的 0～150 mm 游标卡尺、内径百分表、$\phi 25H7$ 塞规、45° 精车刀或 90° 精车刀。

三、设备

准备 CA6140 型卧式车床。

任务实施

一、新课准备

1. 通过观察生活、深入生产实际以及在互联网上收集资料等，有条件的同学可以拍些照片，进行交流及讨论，试举例说明铰刀的类型。

2. 收集新型或高性能铰刀的相关资料，如负刃倾角铰刀和螺旋式铰刀等。

二、理论学习

认真听课，配合教师的提问、启发和互动，回答以下问题：

1. 铰刀

（1）铰刀由哪几部分组成？

（2）铰刀的工作部分由什么组成?

（3）铰刀的修光部分有什么作用?

（4）铰刀可分为哪几种?

2. 铰削余量的确定

如何确定铰削余量?

3. 铰削时的注意事项

（1）铰削前对孔有哪些要求?

（2）如何选择铰削用量？

4. 套类工件的装夹

车削套类工件时，如果在一次装夹中完成车削，有什么优点？会存在哪些问题？

5. 内孔的测量

测量孔径尺寸时，根据工件的尺寸、数量和精度要求，可采用哪几种量具？

三、实践操作

1. 仔细观看教师演示铰孔的方法，记住动作要领。

2. 同组同学相互配合，将工件装夹在车床上并利用百分表找正。

3. 将内孔车刀正确装夹在刀架上，选取精车孔时的切削用量，铰削余量为 0.08 ~ 0.12 mm，精车孔的孔径用内径百分表测量。

4. 同组同学相互配合，选择尺寸为 $\phi 25^{+0.014}_{+0.007}$ mm 的高速钢机用铰刀，将铰刀的莫氏锥柄装入浮动套筒的锥孔中，再装入尾座套筒内，移动尾座，在铰刀前端离工件端面 5 ~ 10 mm 处锁紧尾座。

5. 铰孔开始，另一名同学要调整切削液喷嘴和切削液浇注部位，充分浇注切削液，如图 4-21 所示。

6. 用塞规检测孔径，如图 4-22 所示。

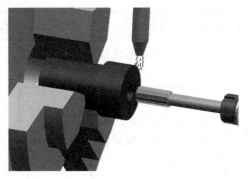

图 4-21 铰孔时要充分浇注切削液

图 4-22 用塞规检测孔径

任务测评

每位同学完成铰孔操作后，卸下机用铰刀和工件，仔细测量并确定工件是否符合图样要求，填写铰孔评分表（见表 4-9），对练习工件进行评价。

针对出现的质量问题分析出原因，总结出改进措施。

表 4-9 铰孔评分表

序号	考核项目		考核内容和要求	配分	评分标准	检测结果	得分
1	铰孔	孔径	$\phi 25H7 \left(^{+0.021}_{0} \right)$	20	超差不得分		
		长度	孔要铰通	5	不符合要求不得分		
		表面粗糙度	$Ra \leqslant 1.6 \, \mu m$	20	不符合要求不得分		
2	端面	台阶孔的长度	6 mm	10	超差不得分		
		表面粗糙度	$Ra \leqslant 3.2 \, \mu m$	10	不符合要求不得分		
3	倒角	倒角	$C1.5$ mm	5	不符合要求不得分		
		倒钝锐边	$C0.3$ mm（3 处）	5×3	不符合要求不得分		
4	工具、设备的使用与维护		正确、规范使用工具、量具、刃具，并进行合理保养与维护	2	不符合要求酌情扣分		
			正确、规范使用设备，并进行合理保养与维护	3	不符合要求酌情扣分		

续表

序号	考核项目	考核内容和要求	配分	评分标准	检测结果	得分
4		操作姿势和动作规范、正确	2	不符合要求酌情扣分		
5	安全及其他	安全文明生产，遵守国家颁布的有关法规或企业自定的有关规定	4	一项不符合要求扣2分，扣完为止，发生较大事故者取消阶段练习资格		
		操作步骤和工艺规程正确	4	一处不符合要求扣2分，扣完为止		
		工件局部无缺陷		不符合要求倒扣1~10分		
6	完成时间	120 min		每超过15 min倒扣10分；超过30 min不合格		
合计			100			
教师评价		教师：			年　月　日	

课后小结

试结合本任务完成情况，从铰刀的选择、铰孔的方法、铰孔的质量、安全文明生产和团队协作等方面撰写工作总结。

课后阅读

一、铰刀的种类

1. 铰刀按使用方式不同可分为机用铰刀和手用铰刀（见图4-23）。机用铰刀和手用铰刀的柄部、工作部分和主偏角的对比见表4-10。

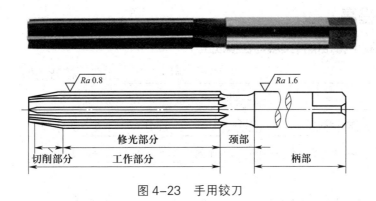

图 4-23　手用铰刀

表 4-10　机用铰刀和手用铰刀的柄部、工作部分和主偏角的对比

铰刀	柄部	工作部分	主偏角 κ_r
机用铰刀	直柄和锥柄，装在尾座套筒内进行铰削	依靠车床尾座定向，因此其工作部分较短	较大，标准机用铰刀的主偏角 $\kappa_r=15°$
手用铰刀	柄部做成方榫形，以便于套入铰杠进行铰削	没有车床尾座定向，因此其工作部分较长	较小，一般 $\kappa_r=40'\sim4°$

2. 铰刀按切削部分的材料不同可分为高速钢铰刀和硬质合金铰刀。

二、铰削盲孔

启动车床，浇注切削液，摇动尾座手轮进行铰孔，当铰刀端部与孔底接触后会对铰刀产生轴向切削抗力，手动进给时，若感觉到轴向切削抗力明显增大，表明铰刀端部已到孔底，应立即将铰刀退出。

铰削较深的盲孔时，切屑排出比较困难，通常中途应退刀数次，用切削液冲洗，并用刷子清除切屑后再继续铰孔，如图 4-24 所示。

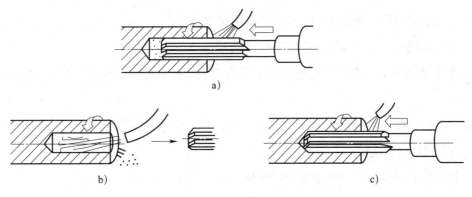

图 4-24　铰削盲孔

巩固与提高

一、填空题（将正确答案填写在横线上）

1. 铰刀由_____、_____和_____组成。铰刀的柄部有_____形、_____形和_____形三种。

2. 铰刀的工作部分由_____部分、_____部分、_____部分和_____部分组成。

3. 铰刀按切削部分的材料不同，可分为_____铰刀和_____铰刀两种。

4. 铰刀最容易磨损的部位是_____部分和_____部分的过渡处。

5. 铰刀按使用方式不同，可分为_____铰刀和_____铰刀，机用铰刀的主偏角 κ_r 较大，标准_____铰刀的主偏角 $\kappa_r=15°$。

6. 一般高速钢铰刀的铰削余量为_____mm，硬质合金铰刀的铰削余量为_____mm。

7. 如果加工直径小于 10 mm 的孔，由于孔径小，车孔非常困难，保证孔的直线度和同轴度精度的方法如下：_____→钻孔→_____→_____。

8. 铰孔前，必须调整尾座套筒的轴线，使之与主轴轴线重合，同轴度误差最好找正在_____mm 之内。但是，对于一般精度的车床，要求主轴与尾座套筒轴线非常精确地同轴是比较困难的，因此铰孔时最好使用_____。

9. 铰削时，切削速度越低，表面粗糙度值越小，一般切削速度最好小于_____m/min。

10. 车削套类工件时，如果是单件、小批量生产，可在_____装夹中尽可能把工件全部或大部分内孔、外圆和端面等表面车削完成。这种方法不存在因装夹而产生的_____误差，如果车床精度较高，可获得_____的几何精度。

二、判断题（正确的打"√"，错误的打"×"）

1. 铰刀的引导部分是铰刀开始进入孔内的导向部分，其导向角 $\kappa_r=3°\sim15°$。　　（　　）

2. 铰刀的刃齿数一般为 5～11 齿，应采用奇数齿。　　（　　）

3. 铰孔是精加工，可以修正孔的直线度误差。　　（　　）

4. 铰孔是精加工，故铰削时的进给量可取小些。铰钢件时，选用进给量为 1.0 mm/r。
　　（　　）

5. 铰孔时，使用水溶性切削液（如乳化液等）铰出的孔径比铰刀的实际直径稍微小一些，孔的表面粗糙度值较小。　　（　　）

6. 铰孔时必须试铰，以免造成成批废品。　　（　　）

7. 铰刀由孔内退出时，车床主轴应反转。　　（　　）

三、选择题（将正确答案的代号填入括号内）

1. 下列选项中（ ）不是铰刀修光部分上棱边的作用。

A. 定向   B. 便于测量

C. 修光孔壁   D. 控制铰刀直径

E. 承担主要切削工作

2. 铰削时的（ ）是铰削余量的一半。

A. 切削速度   B. 背吃刀量

C. 进给量   D. 侧吃刀量

3. （ ）主要用于测量精度要求较高且较深、批量不大的孔。

A. 内径百分表   B. 塞规   C. 内卡钳   D. 游标卡尺

4. 用内径百分表测量时必须摆动测量杆，所得的（ ）尺寸是孔的实际尺寸。

A. 中间   B. 最大   C. 最小   D. 平均

四、简答题

1. 在图 4-25 下的横线上填写铰刀各部分的名称。

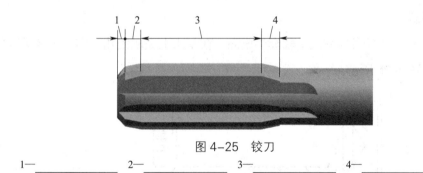

图 4-25 铰刀

1—＿＿＿＿＿＿＿ 2—＿＿＿＿＿＿＿ 3—＿＿＿＿＿＿＿ 4—＿＿＿＿＿＿＿

2. 铰刀修光部分的作用是什么？

3. 举例说明如何选择铰刀的尺寸。

4. 使用新铰刀和磨损到一定程度的铰刀时，如何选择切削液来延长铰刀的使用寿命？

5. 铰孔时导致表面粗糙度值大的原因是什么？

五、实训题

1. 工件为项目四任务四完成的轴套半成品，在车床上完成铰孔工作，试整理出合理的工艺过程，如图 4-26 所示。

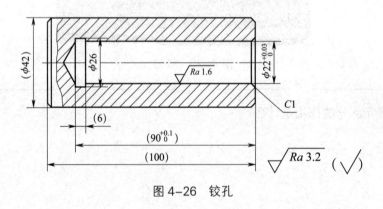

图 4-26　铰孔

2. 根据表 4-11 所列的尺寸写出铰孔的操作步骤并铰孔。

表 4-11 铰孔

内容	图示
零件 图样一	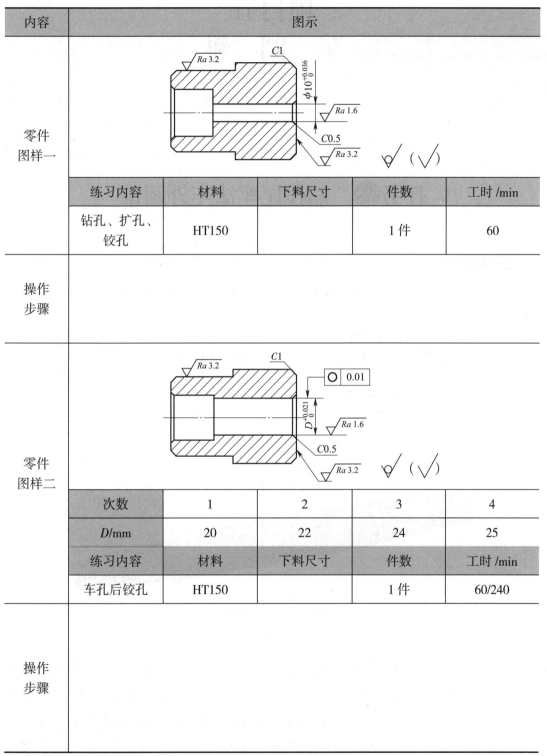

练习内容	材料	下料尺寸	件数	工时 /min
钻孔、扩孔、铰孔	HT150		1 件	60

操作 步骤	

次数	1	2	3	4
D/mm	20	22	24	25
练习内容	材料	下料尺寸	件数	工时 /min
车孔后铰孔	HT150		1 件	60/240

操作 步骤	

项目五
车 圆 锥

任务一 偏移尾座法车外圆锥

任务描述

本任务要求把 $\phi 40\ mm \times 335\ mm$ 的毛坯车成图 5-1 所示的定位锥棒。

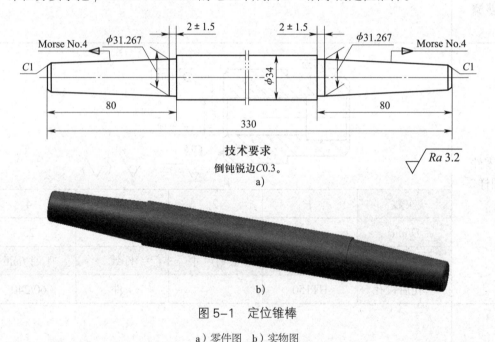

技术要求
倒钝锐边C0.3。

$\sqrt{Ra\ 3.2}$

a)

图 5-1 定位锥棒

a）零件图 b）实物图

本任务是在掌握了外圆车削的基础上进行的。车圆锥有其特殊性，故在学习过程中要熟悉圆锥的基本参数、计算方法以及常用的标准工具圆锥；了解偏移尾座法车削圆锥的特点和应用场合；通过反复练习，正确、熟练地运用圆锥套规测量外圆锥的锥角；掌握车削圆锥时的尺寸控制方法；同时，能够根据圆锥的结构特点正确选择加工方法，制定圆锥的加工工艺。

学习用偏移尾座法车外圆锥的知识和技能时可参照以下步骤：

圆锥的基本知识	学习圆锥的基本参数、计算方法及常用的标准工具圆锥等
偏移尾座法车外圆锥	学习偏移尾座法车外圆锥的特点、应用场合和偏移尾座法的步骤等
外圆锥的检测	主要学习用圆锥套规测量外圆锥锥角的方法
车削	合理安排加工工艺，保证加工质量

任务准备

一、工件

毛坯尺寸：$\phi 40$ mm×335 mm。材料：45 钢。数量：1 件 / 人。

二、工艺装备

准备活扳手、内六角扳手、90° 粗车刀、90° 精车刀、45° 车刀、A2.5 mm/6.3 mm 中心钻、钻夹头、前顶尖、后顶尖、鸡心夹头、钢直尺、分度值为 0.02 mm 的 0～150 mm 游标卡尺、分度值为 0.02 mm 的 0～350 mm 游标卡尺、百分表、25～50 mm 千分尺、莫氏 4 号圆锥套规、显示剂。

三、设备

准备 CA6140 型卧式车床。

任务实施

一、新课准备

1. 通过观察生活、深入生产实际以及在互联网上收集资料等，有条件的同学可以拍些照片，进行交流及讨论，试举例说明圆锥工件及其配合件所适用的场合。

2. 思考：在机床部件和工具中，为什么不采用圆柱配合而大多采用圆锥配合？为什么圆锥配合应用如此广泛？

3. 在互联网上搜索常见的标准工具圆锥的图片。

操作提示

偏移尾座法车削圆锥的技术难点是尾座偏移量不容易保证。操作中先根据锥度计算出尾座偏移量，加工时，由于床鞍是沿平行于主轴轴线的方向移动的，因此，当尾座横向移动一段距离 S 后，所车削的工件形成圆锥。常采用以下几种方法偏移尾座：利用尾座的刻度偏移尾座、利用中滑板刻度偏移尾座、利用百分表偏移尾座、利用锥度量棒（或标准样件）偏移尾座。无论采用哪种方法都有一定的误差，必须通过试切削再逐步进行修正。该方法适用于加工锥度小、锥体部分较长的工件。

二、理论学习

认真听课，配合教师的提问、启发和互动，回答以下问题：

1. 解释圆锥角 α、圆锥半角 $\alpha/2$、圆锥大端直径 D、圆锥小端直径 d、圆锥长度 L 和锥度 C 的含义，并说出它们的相互关系。

2. 看懂图 5-2 所示的偏移尾座法车外圆锥示意图，回答什么是偏移尾座法车外圆锥？其车削原理是什么？

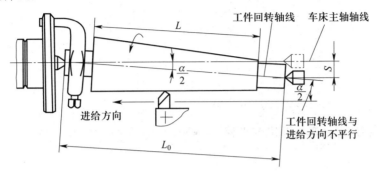

图 5-2　偏移尾座法车外圆锥示意图

3. 解释尾座偏移量 S 计算公式中各符号的含义。

$$S \approx L_0 \tan \frac{\alpha}{2} = L_0 \frac{D-d}{2L} \quad 或 \quad S = \frac{C}{2} L_0$$

式中　S——_____，mm；

　　　L_0——_____，mm；

　　　α——_____，(°)；

　　　D——_____，mm；

　　　d——_____，mm；

　　　L——_____，mm；

　　　C——_____。

由上面的公式可知，用偏移尾座法车外圆锥时，尾座偏移量不仅与_____有关，而且与_____有关。

从图 5-2 所示的几何意义讲，尾座偏移量 $S = L_0 \sin \frac{\alpha}{2}$，而这里采用 $S \approx L_0 \tan \frac{\alpha}{2}$，你认为对吗？为什么？

4. 用偏移尾座法车一外圆锥工件，采用两顶尖装夹，已知 $D=60$ mm，$d=52$ mm，$L=300$ mm，$L_0=560$ mm，求尾座偏移量 S。

5. 简述偏移尾座法车外圆锥的步骤。

6. 偏移尾座法车外圆锥有什么特点？适用于什么场合？

三、实践操作

理论学习完成后，下面将进行偏移尾座法车外圆锥的具体操作。观看教师用偏移尾座法车削外圆锥的实践操作演示，同组同学相互配合，在实习场地完成以下操作，并记住操作要点。

根据教材中偏移尾座法车削定位锥棒的操作步骤和图示，联系前后步骤和图示，理解每一个步骤的操作内容。同组同学相互配合完成车削定位锥棒任务，补全表 5-1 所列操作步骤中的相关内容。

表 5-1　偏移尾座法车削定位锥棒的操作步骤（部分）

步骤	操作内容	图示
工件掉头装夹，车外圆	工件掉头装夹，车外圆 ϕ31.267 mm、长 80 mm 至图样要求尺寸	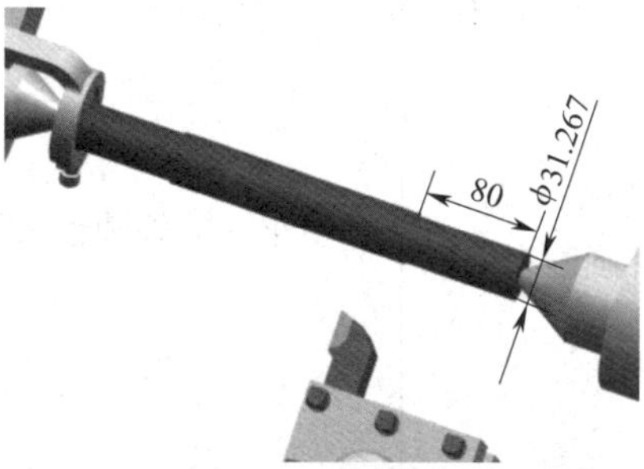
松开尾座上的内六角螺钉	松开尾座紧固座上的内六角螺钉	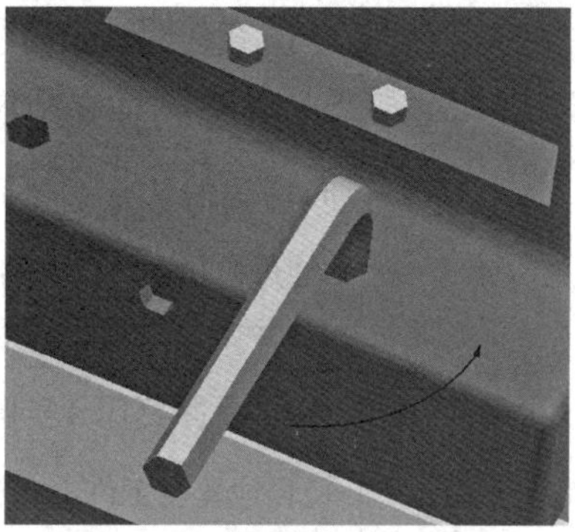
确定尾座偏移量并偏移尾座	确定尾座偏移量： $S=\dfrac{C}{2}L_0=$ _____ × _____ mm= _____ mm 先将尾座紧固螺母松开，用内六角扳手转动尾座上层两侧的内六角螺钉，先松开靠近操作者一侧的螺钉，紧另一侧螺钉，使尾座上层向靠近操作者方向偏移	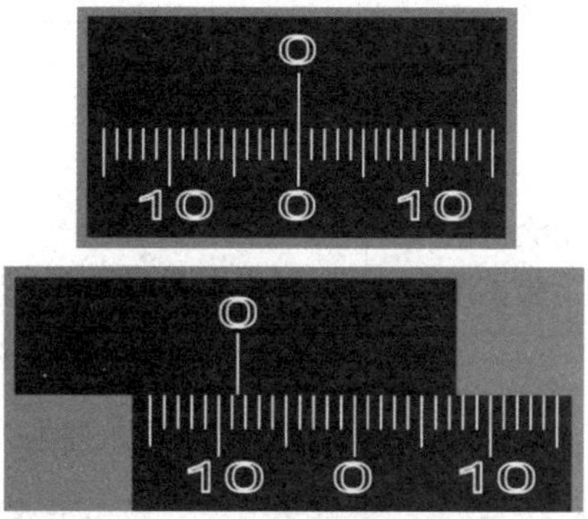
紧固尾座	调整好后，紧固尾座紧固座上的内六角螺钉和左、右两边内六角螺钉	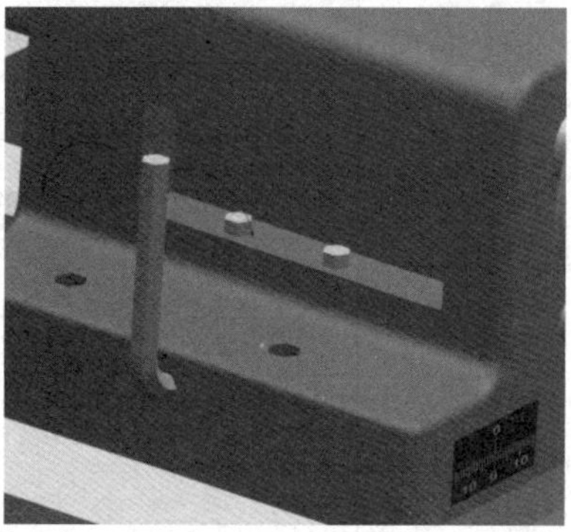

续表

步骤	操作内容	图示
粗车一端外圆锥表面	粗车一端外圆锥表面	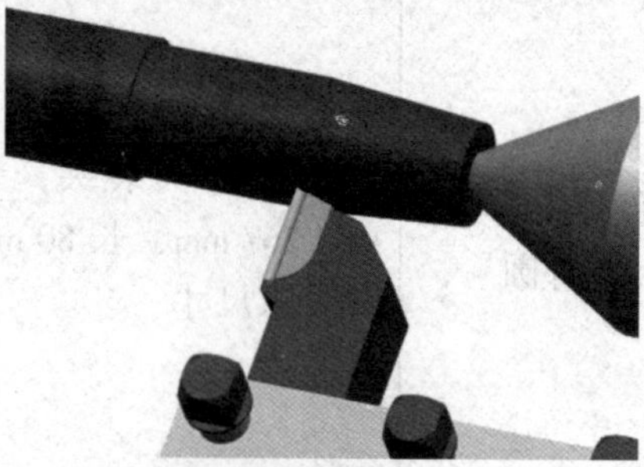
用涂色法检验锥度	1. 在外圆锥表面顺着圆锥_____薄而均匀地涂上周向均等的_____条显示剂（红丹粉和_____的调和物）	
	2. 手握莫氏4号圆锥套规轻轻地套在工件上，稍加轴向推力，并将其转动_____圈	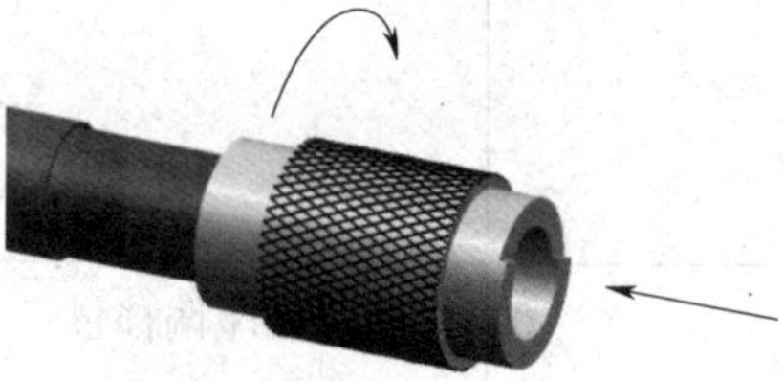
	3. 取下圆锥套规，观察工件表面显示剂擦去的情况。若小端擦去，大端未擦去，说明圆锥角_____了；若大端擦去，小端未擦去，说明圆锥角_____了；若_____条显示剂全长擦痕均匀，表明圆锥_____，说明锥度_____	  

步骤	操作内容	图示
精车一端 外圆锥	当锥度调整准确后，精车一端外圆锥至尺寸，并控制好长度尺寸_____mm，表面粗糙度应达到图样要求	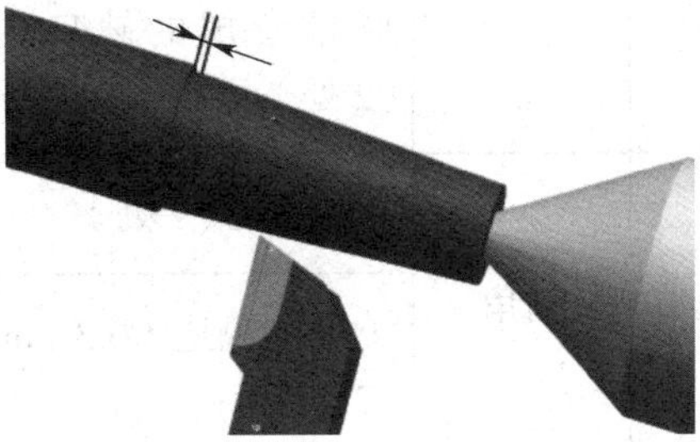

任务测评

每位同学完成车削定位锥棒操作后，卸下车刀和工件，仔细测量并确定工件是否符合图样要求，填写车削定位锥棒评分表（见表 5-2），对练习工件进行评价。

针对出现的质量问题分析出原因，总结出改进措施。

表 5-2 车削定位锥棒评分表

序号	考核项目	考核内容和要求	配分	评分标准	检测结果	得分
1	外圆	$\phi 34$ mm	4	超差不得分		
		$\phi 31.267$ mm（2处）	3×2	超差不得分		
		$Ra \leq 3.2 \mu m$（3处）	3×3	不符合要求不得分		
2	长度	80 mm（2处）	3×2	超差不得分		
		330 mm	3	超差不得分		
		（2±1.5）mm（2处）	5×2	超差不得分		
		$Ra \leq 3.2 \mu m$（4处）	2×4	不符合要求不得分		
3	圆锥	莫氏4号圆锥接触面积≥70%（2处）	8×2	超差不得分		
		$Ra \leq 3.2 \mu m$（2处）	4×2	不符合要求不得分		
		圆锥面和外圆交界线清晰（2处）	3×2	不符合要求不得分		

续表

序号	考核项目	考核内容和要求	配分	评分标准	检测结果	得分
3		圆锥小端的端面在圆锥套规的缺口内（2处）	4×2	不符合要求不得分		
4	倒角	C1 mm（2处）	2×2	超差不得分		
		倒钝锐边 C0.3 mm（2处）	1×2	不符合要求不得分		
5	工具、设备的使用与维护	正确、规范使用工具、量具、刀具，并进行合理保养与维护	2	不符合要求酌情扣分		
		正确、规范使用设备，并进行合理保养与维护	2	不符合要求酌情扣分		
		操作姿势和动作规范、正确	2	不符合要求酌情扣分		
6	安全及其他	安全文明生产，遵守国家颁布的有关法规或企业自定的有关规定	2	一项不符合要求扣1分，扣完为止，发生较大事故者取消阶段练习资格		
		操作步骤和工艺规程正确	2	一处不符合要求扣1分，扣完为止		
		工件局部无缺陷		不符合要求倒扣1～10分		
7	完成时间	120 min		每超过15 min倒扣10分；超过30 min不合格		
	合计		100			
	教师评价	教师：				年 月 日

📖 课后小结

试结合本任务完成情况，从尾座偏移量的计算、偏移尾座车圆锥的方法、圆锥的车削质量、安全文明生产和团队协作等方面撰写工作总结。

📖 课后阅读

一、圆锥的应用

在机床部件和工具中常使用圆锥面配合，常见的圆锥面配合及其应用见表 5–3。

表 5–3 常见的圆锥面配合及其应用

车床上的圆锥面配合	尾座锥孔与麻花钻锥柄的配合	主轴锥孔与前顶尖锥柄的配合
圆锥工件	锥形轴	锥形手柄
	锥齿轮和齿轮坯	带锥孔的齿轮和锥形套

圆锥面配合的特点如下：

1. 当圆锥角较小时（$\alpha \leqslant 3°$），可以传递很大的转矩。

2. 装卸方便，虽经多次装卸，仍能保证精确的定心精度。

3. 同轴度精度很高，能做到无间隙配合。

💡 操作提示

加工圆锥面时，除了尺寸精度、几何精度和表面质量具有较高要求，还有角度（或锥度）的精度要求。

对精度要求较高的圆锥面常用涂色法检验，其精度以接触面的大小来评定。

二、圆锥的基本参数及其尺寸计算

圆锥面是由与轴线成一定角度且一端相交于轴线的一条直线 AB（母线），绕该轴线旋转一周所形成的表面，如图 5-3a 所示。

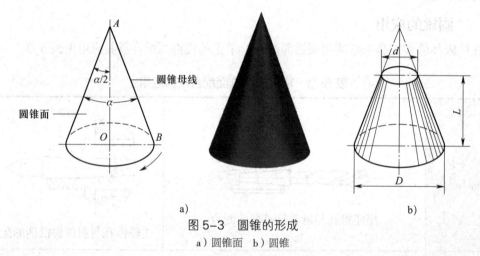

a)   b)

图 5-3   圆锥的形成

a）圆锥面   b）圆锥

由圆锥面和一定的轴向尺寸、径向尺寸所限定的几何体称为圆锥，如图 5-3b 所示。圆锥分为外圆锥和内圆锥两种，圆锥工件如图 5-4 所示。

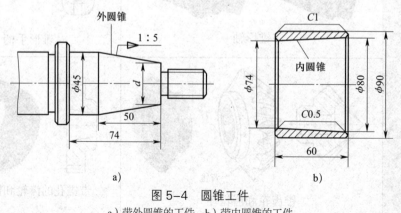

a)   b)

图 5-4   圆锥工件

a）带外圆锥的工件   b）带内圆锥的工件

巩固与提高

一、填空题（将正确答案填写在横线上）

1. 采用偏移尾座法车外圆锥，把尾座＿＿＿＿＿＿＿移动一段距离 S 后，使工件回转轴线与＿＿＿＿＿＿＿＿＿＿＿＿＿＿相交，并使其夹角等于工件＿＿＿＿＿＿＿。由于床鞍是沿＿＿＿＿＿＿＿车床主轴轴线的进给方向移动的，就将工件车成了一个圆锥。

2. 用偏移尾座法车外圆锥时，尾座的偏移量不仅与＿＿＿＿＿＿＿＿＿＿＿＿＿＿＿＿＿有关，而且与＿＿＿＿＿＿＿＿＿＿＿＿＿＿＿＿＿＿有关，这段距离可近似看作＿＿＿＿＿＿＿＿＿＿＿＿＿。

3. 对于精度要求较高的圆锥面，常用＿＿＿＿＿＿＿＿＿＿＿采用＿＿＿＿＿＿＿＿＿检验，其精度以＿＿＿＿＿＿＿＿＿＿＿＿评定。

二、判断题（正确的打"√"，错误的打"×"）

1. 采用偏移尾座法车外圆锥面，必须将工件用两顶尖装夹。 （   ）

2. 偏移尾座法也可以用于加工整锥体或内圆锥。 （   ）

3. 利用锥度量棒或标准样件偏移尾座时，必须经试车和逐步修正得到精确的圆锥半角。 （   ）

4. 用涂色法检验外圆锥时，如果外圆锥小端显示剂被擦去，而大端显示剂未被擦去，说明工件圆锥角小了。 （   ）

5. 用偏移尾座法批量车削圆锥时，如果两端中心孔深度不一致，会造成工件锥度也不一致。 （   ）

6. 用偏移尾座法粗车外圆锥，要留精车余量 0.5～1.0 mm。 （   ）

7. 尾座套筒伸出尾座的长度不宜超过套筒总长的 1/3。 （   ）

三、选择题（将正确答案的代号填入括号内）

1. 用偏移尾座法车外圆锥时，尾座的偏移量与（   ）有关。

A. 工件全长 B. 圆锥长度

C. 锥度 D. 圆锥素线长度

2. 利用（   ）可准确地调整尾座偏移量。

A. 尾座刻度 B. 中滑板刻度

C. 百分表 D. 锥度量棒或标准样件

3. 对于标准圆锥或配合精度要求较高的外圆锥工件，一般可以用（   ）检验。

A. 游标万能角度尺 B. 圆锥套规

C. 正弦规 D. 涂色法

4. 用圆锥套规检验外圆锥时，若工件小端显示剂被擦去，而大端显示剂未被擦去，说明圆锥角（　　　）。

    A. 偏大　　　　　　　B. 偏小　　　　　　　C. 正确

四、简答题

1. 简述偏移尾座法车外圆锥的特点。

2. 简述利用偏移尾座法车反锥时偏移尾座的步骤。

3. 怎样用涂色法检验外圆锥角度?

4. 用偏移尾座法车外圆锥时出现锥度不正确现象的原因是什么?

五、计算题

1. 有一外圆锥，已知 D=40 mm，d=30 mm，L=100 mm，试分别用查三角函数表法和近似法计算圆锥半角 $\alpha/2$。

2. 一圆锥形轴类工件的最大圆锥直径 D=50 mm，最小圆锥直径 d=43 mm，圆锥部分长度 L=140 mm，工件总长 L_0=200 mm，求锥度 C、圆锥半角 $\alpha/2$ 的近似值和尾座偏移量 S。

3. 用偏移尾座法车锥度为 1∶10 的锥体，工件总长为 120 mm，求尾座偏移量 S。

4. 在两顶尖之间，用偏移尾座法车一外圆锥工件，已知 D=60 mm，d=52 mm，L=300 mm，L_0=560 mm，求尾座偏移量 S。

5. 用偏移尾座法车一外圆锥工件，已知 D=45 mm，C=1∶50，L=580 mm，L_0=650 mm，求尾座偏移量 S。

六、实训题

1. 在 CA6140 型卧式车床上，将一段 ϕ40 mm×205 mm 的 45 钢毛坯加工成图 5-5 所示的长柄莫氏锥棒，试整理出合理的工艺过程。

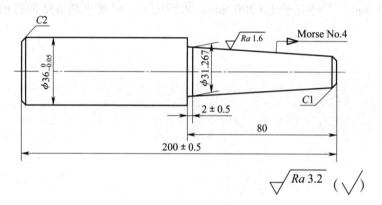

图 5-5　长柄莫氏锥棒

2. 分析图 5-6 所示的锥度心轴，采用偏移尾座法车削，试整理出合理的工艺过程。已知毛坯为 45 钢，热轧圆钢，毛坯尺寸为 ϕ40 mm×160 mm。车削数量为每次 8～10 件。

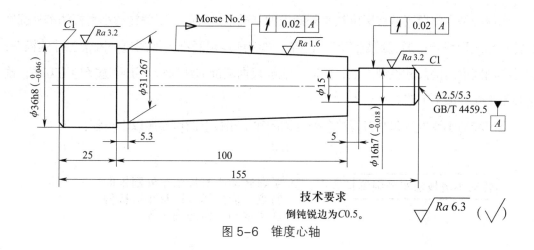

技术要求

倒钝锐边为C0.5。

$\sqrt{Ra\ 6.3}$ ($\sqrt{}$)

图 5-6 锥度心轴

任务二 转动小滑板法和宽刃刀法车外圆锥

任务描述

图 5-7 所示为一带有莫氏圆锥的莫氏锥柄。本任务要求在 CA6140 型卧式车床上完成该零件的加工，其主要加工内容是莫氏 4 号圆锥，宜采用转动小滑板法车外圆锥。

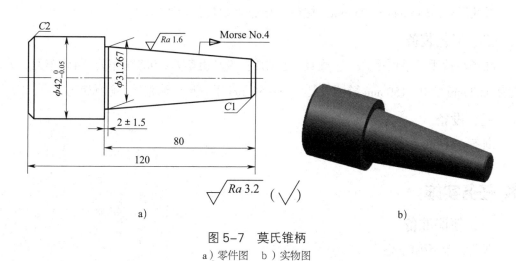

$\sqrt{Ra\ 3.2}$ ($\sqrt{}$)

a)   b)

图 5-7 莫氏锥柄

a）零件图　b）实物图

本任务是在掌握了偏移尾座法车外圆锥的基础上进行的，了解转动小滑板法车外圆锥的特点和应用场合；通过反复练习，正确、熟练地运用圆锥套规测量外圆锥工件的锥角；掌握车削圆锥时的尺寸控制方法；同时，能够根据圆锥的结构特点正确选择加工方法，确定圆锥工件的加工工艺。

学习转动小滑板法和宽刃刀法车外圆锥的知识和技能时可参照以下步骤：

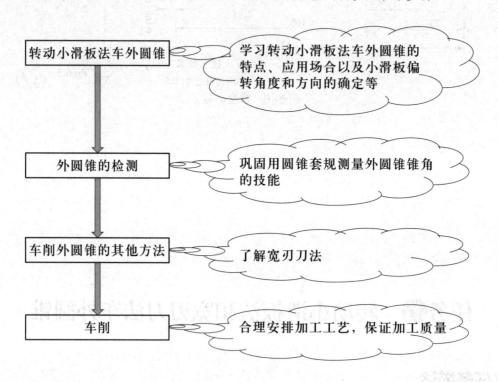

- 转动小滑板法车外圆锥 —— 学习转动小滑板法车外圆锥的特点、应用场合以及小滑板偏转角度和方向的确定等
- 外圆锥的检测 —— 巩固用圆锥套规测量外圆锥锥角的技能
- 车削外圆锥的其他方法 —— 了解宽刃刀法
- 车削 —— 合理安排加工工艺，保证加工质量

🔧 任务准备

一、工件

毛坯尺寸：$\phi 45\,\text{mm} \times 125\,\text{mm}$。材料：45 钢。数量：1 件 / 人。

二、工艺装备

准备活扳手、呆扳手、一字旋具、显示剂、90°粗车刀、90°精车刀、45°车刀、分度值为 0.02 mm 的 0～150 mm 游标卡尺、25～50 mm 千分尺、钢直尺、圆锥套规。

三、设备

准备 CA6140 型卧式车床。

🔧 任务实施

一、新课准备

课前思考下列问题：

1. 偏移尾座法车外圆锥有什么不足？如何克服？还有其他方法吗？

2. 回顾：在两顶尖间装夹工件时车削前顶尖的操作步骤。

二、理论学习

认真听课，配合教师的提问、启发和互动，回答以下问题：

1. 转动小滑板法车外圆锥有什么特点？适用于什么场合？如何确定小滑板的转动角度和方向？

2. 简述转动小滑板法车外圆锥的步骤。

3. 如何用圆锥套规检验外圆锥的锥度和尺寸？

三、实践操作

理论学习完成后，下面将进行用转动小滑板法车外圆锥的操作。

观看教师用转动小滑板法车外圆锥的实践操作演示，在实习场地完成以下操作，并记住操作要点。

根据教材中用转动小滑板法车削莫氏锥柄的操作步骤和图示，联系前后步骤和图示，理解每一个步骤的操作内容。同组同学相互配合完成车削莫氏锥柄的任务，补全表5-4所列操作步骤中的相关内容。

表 5-4　转动小滑板法车削莫氏锥柄的操作步骤（部分）

步骤	操作内容	图示
扳转小滑板，粗车外圆锥	1. 用呆扳手将_____松开，小滑板逆时针转动_____，使小滑板基准零线与圆锥半角刻线对齐，再锁紧转盘上的两个螺母	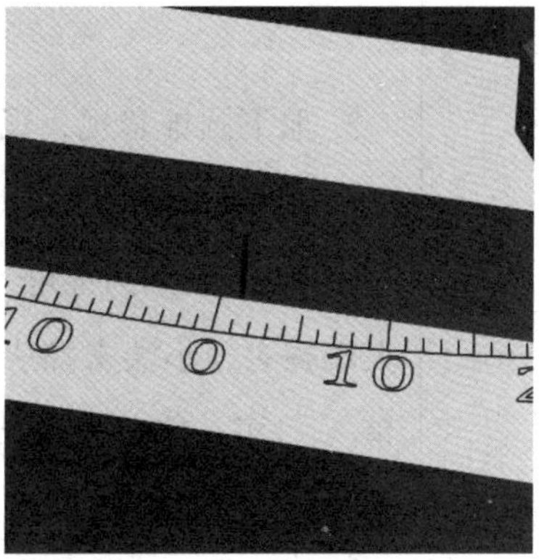
	2. 粗车外圆锥	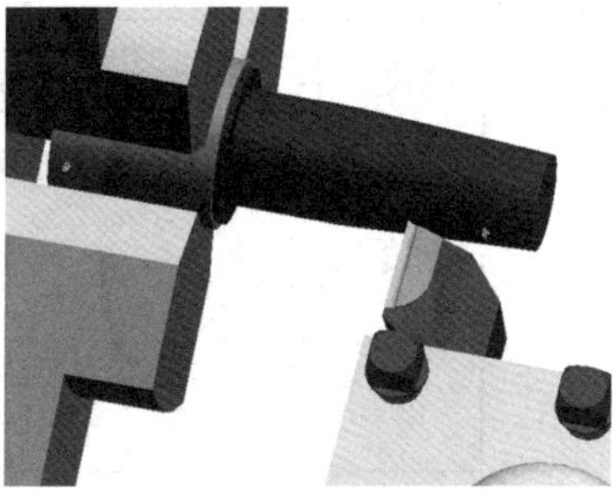
用标准莫氏4号圆锥套规找正圆锥角度	1. 首先在工件表面顺着圆锥素线薄而均匀地涂上周向均等的_____条显示剂	
	2. 用标准莫氏4号圆锥套规检测，手握圆锥套规轻轻地套在工件上，稍加轴向推力，并将其转动_____圈	

步骤	操作内容	图示
	3. 取下圆锥套规，观察工件表面显示剂擦去的情况。若小端擦去，大端未擦去，说明圆锥角_____了；若大端擦去，小端未擦去，说明圆锥角_____了；若两端显示剂擦去，中间不接触，说明形成了_____误差，原因是车刀刀尖没有对准_____，需调整车刀高度；若_____条显示剂全长擦痕均匀，表明圆锥接触良好，说明锥度_____	
精车外圆锥	1. 在检验_____正确的前提下，精车外圆锥	
	2. 用圆锥套规控制长度_____mm	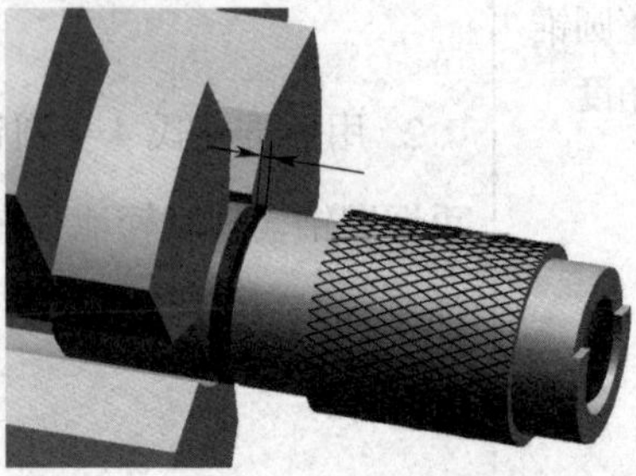

💬 任务测评

每位同学完成操作后，卸下工件，仔细测量，看其是否符合图样要求，针对出现的质量问题，填写加工情况记录表（见表5-5），对练习工件进行评价。

表5-5　加工情况记录表

工作内容	加工情况	存在问题	改进措施
$\phi42^{\ 0}_{-0.05}$ mm 和 $\phi31.267$ mm 的外圆			
80 mm 和总长 120 mm			
（2±1.5）mm			
莫氏 4 号圆锥			
C1 mm 和 C2 mm			
安全文明操作			
教师评价			
	教师：　　　　　　　　　　　年　月　日		

🔲 课后小结

试结合本任务完成情况，从转动小滑板的步骤、转动小滑板车圆锥的方法、圆锥的车削质量、安全文明生产和团队协作等方面撰写工作总结。

📖 课后阅读

一、锥度的标注

图 5-8 所示为锥度的标注方法。

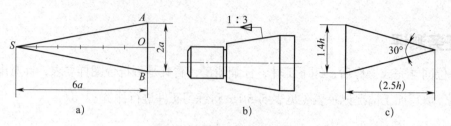

图 5-8　锥度的标注方法

a）锥度 C=1∶3 的作图方法　b）锥度的标注　c）锥度符号

锥度 C 在图样中以 1∶n 的形式标注。图 5-8a 所示为锥度 1∶3 的作图方法，由点 S 起在水平线上取六个单位长度，SO=6a；过点 O 作 SO 的垂线，分别向上和向下截取一个单位长度，得 A、B 两点，AB=2a；分别连接 SA、SB，即得 1∶3 的锥度。

锥度的标注如图 5-8b 所示，锥度符号的方向应与圆锥方向一致。锥度符号的画法如图 5-8c 所示（h 为字高）。

二、圆锥的双曲线误差

车圆锥时，虽经多次调整小滑板转动角度或尾座偏移量，仍不能校正锥度；用圆锥套规检测外圆锥时，发现两端显示剂擦去，中间不接触；用圆锥塞规检测锥孔时，发现中间显示剂擦去，两端没有擦去。出现以上现象的原因是车刀刀尖没有严格对准工件的回转轴线，形成了双曲线误差，如图 5-9 所示。

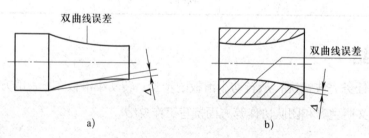

图 5-9　圆锥表面的双曲线误差

a）外圆锥　b）内圆锥

💡 操作提示

车圆锥时，非常重要的问题是要使车刀刀尖严格对准工件的回转轴线。

另外，当车刀在中途刃磨后重新装刀时，也必须使车刀刀尖严格对准工件的回转轴线。

三、宽刃刀法车内圆锥

用宽刃刀法车内圆锥主要适用于车削锥面较短、内圆锥直径较大、圆锥半角精度要求不高而锥面的表面粗糙度值较小的内圆锥，见表 5-6。

表 5-6 用宽刃刀法车内圆锥

内容	图例	说明
宽刃刀的刃磨与装夹		宽刃内圆锥车刀一般选用高速钢车刀，取前角 $\gamma_o=20°\sim30°$，后角 $\alpha_o=8°\sim10°$。车刀的切削刃必须刃磨得平直，并且与刀柄底面平行，与刀柄底面的夹角为 $\alpha/2$ 装夹宽刃刀时，其切削刃与工件回转轴线的夹角应为圆锥半角 $\alpha/2$，且与工件回转轴线等高
用宽刃刀车内圆锥的方法		1. 先用内孔车刀粗车内圆锥，并留精车余量 0.15~0.25 mm 2. 换宽刃刀精车，将宽刃刀的切削刃伸入孔内，其长度大于锥长，横向（或纵向）进给时应采用低速车削 车削时浇注切削液，可使内锥面的表面粗糙度 Ra 值达到 1.6 μm

巩固与提高

一、填空题（将正确答案填写在横线上）

1. 锥角大、长度短的圆锥通常采用＿＿＿＿＿＿＿＿＿＿法进行加工。

2. 车圆锥面时，一般先保证＿＿＿＿＿＿＿，然后通过精车控制＿＿＿＿＿＿＿。

3. 转动小滑板法适用于加工圆锥半角＿＿＿＿且锥面＿＿＿＿的工件。

4. 车削圆锥时，除了对线性尺寸公差、几何公差和表面质量有较高的要求，还对＿＿＿＿＿＿＿＿有较高的精度要求。因此，车削时要同时保证＿＿＿＿＿＿＿＿和＿＿＿＿＿＿＿。

5. 精车外圆锥主要考虑提高工件的＿＿＿＿＿及控制外圆锥的＿＿＿＿＿精度。

6. 精车外圆锥时，要求车刀必须＿＿＿＿、＿＿＿＿，一般使用＿＿＿＿精车刀。

7. 宽刃刀车削法主要适用于＿＿＿＿圆锥面的＿＿＿＿工序。

二、判断题（正确的打"√"，错误的打"×"）

1. 车圆锥时，如果车刀刀尖没有对准工件旋转中心，则车出的工件会产生双曲线误差。 （　　）

2. 工件的圆锥角为 20° 时，车削时小滑板也应转 20°。   （   ）

3. 用转动小滑板法车外圆锥时角度调整范围小。   （   ）

4. 用宽刃刀法车外圆锥时，若刃倾角不等于 0°，就会出现双曲线误差。   （   ）

5. 内圆锥出现双曲线误差的现象是锥面中间凸出。   （   ）

6. 车圆锥时的刀纹时深时浅，是因为小滑板导轨与镶条的间隙调得过紧。   （   ）

7. 车圆锥时，小滑板导轨与镶条的间隙调得过紧或过松会使圆锥的素线不直。（   ）

8. 车外圆锥前，一般应按最小圆锥直径留 1 mm 左右余量。   （   ）

9. 粗车圆锥时一般留精车余量 0.5 mm。   （   ）

10. 用两只手操作，应使小滑板均匀移动，将圆锥面一刀车出，中间不能停顿。

        （   ）

三、选择题（将正确答案的代号填入括号内）

1. 车圆锥时，若车刀刀尖未对准工件轴线，车出的圆锥会（   ）。

A. 锥度不正确   B. 出现双曲线误差

C. 尺寸不正确   D. 偏大

2. 用转动小滑板法车圆锥时，若最大圆锥直径靠近主轴，小滑板应（   ）。

A. 逆时针转动 $\alpha/2$ B. 顺时针转动 $\alpha/2$

C. 逆时针转动 α D. 顺时针转动 α

四、简答题

1. 什么是转动小滑板法？

2. 转动小滑板法车外圆锥有什么特点？主要适用于什么场合？

3. 车外圆锥时，怎样确定小滑板的转动角度和转动方向？

4. 简述车圆锥时用移动床鞍的方法调整背吃刀量的步骤，并画出简图。

五、实训题

采用转动小滑板法完成图 5-10 所示锥柄的加工，试整理出合理的工艺过程。

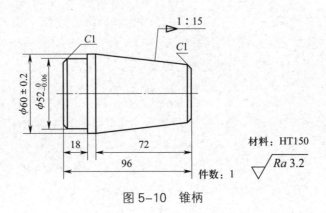

材料：HT150

件数：1

图 5-10　锥柄

任务二　转动小滑板法车锥齿轮坯

🔩 任务描述

本任务是车削图 5-11 所示的锥齿轮坯。

该工件的主要加工内容是锥齿轮坯的齿面、齿背和精度要求较高的内孔，同时应保证端面对锥齿轮坯基准内孔的轴线达到较高的垂直度精度，以及锥齿面对基准内孔轴线的斜向圆跳动要求。

在本任务中可以通过与项目五任务二的车削方法进行对比，找出两者的相同点和不同点。通过反复练习，正确、熟练地运用游标万能角度尺测量外圆锥工件的锥角。这样，在已掌握前两个车削圆锥技能的基础上，就能很容易地掌握车外圆锥和短内圆锥的操作技能与技巧。

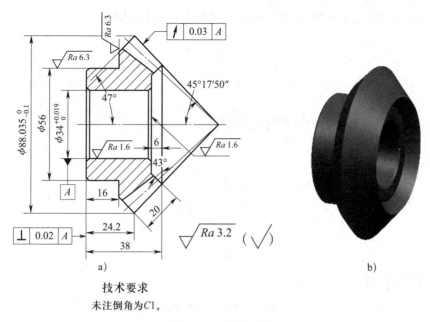

图 5-11 锥齿轮坯

a）零件图 b）实物图

技术要求

未注倒角为 C1。

⚙ 任务准备

一、工件

毛坯尺寸：$\phi 95\,mm \times 50\,mm$。材料：HT150。数量：1 件 / 人。

二、工艺装备

准备活扳手、呆扳手、90° 粗车刀、90° 精车刀、45° 车刀、内孔车刀、切断刀、麻花钻、分度值为 0.02 mm 的 0～150 mm 游标卡尺、75～100 mm 千分尺、杠杆百分表、游标万能角度尺、塞规。

三、设备

准备 CA6140 型卧式车床。

✖ 任务实施

一、新课准备

课前请完成下列问题：

1. 画出图 5-11 所示锥齿轮坯的车削工序图。

2. 回顾：在刃磨车刀和麻花钻时游标万能角度尺的使用情况。

3. 思考车削长度较短的内圆锥的操作步骤。

二、理论学习

认真听课，配合教师的提问、启发和互动，回答以下问题：

1. 指出图 5-12 中游标万能角度尺各部分的名称。

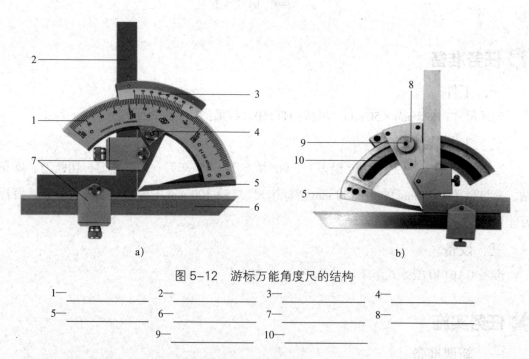

a)   b)

图 5-12 游标万能角度尺的结构

1—	2—	3—	4—
5—	6—	7—	8—
9—	10—		

2. 简述分度值为 2′ 的游标万能角度尺的读数方法。

3. 根据图 5-13 所示用游标万能角度尺测量圆锥的示例，填写其相应的测量范围。

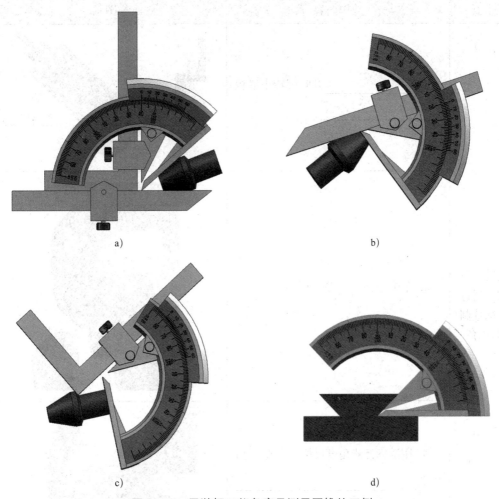

a)

b)

c)

d)

图 5-13 用游标万能角度尺测量圆锥的示例

图 5-13a 可测量圆锥角度范围：_____；

图 5-13b 可测量圆锥角度范围：_____；

图 5-13c 可测量圆锥角度范围：_____；

图 5-13d 可测量圆锥角度范围：_____。

三、实践操作

理论学习完成后，下面将进行用转动小滑板法车锥齿轮坯的操作。

观看教师用转动小滑板法车削锥齿轮坯的实践操作演示，在实习场地完成以下操作，并记住操作要点。

根据教材中转动小滑板法车削锥齿轮坯的操作步骤和图示，联系前后步骤和图示，理解每一个步骤的操作内容。同组同学相互配合完成车削锥齿轮坯的任务，补全表 5-7 所列操作步骤中的相关内容。

表 5-7　转动小滑板法车削锥齿轮坯的操作步骤（部分）

步骤	操作内容	图示
旋转小滑板，通过车削控制齿面角	1. _____方向旋转小滑板 _____	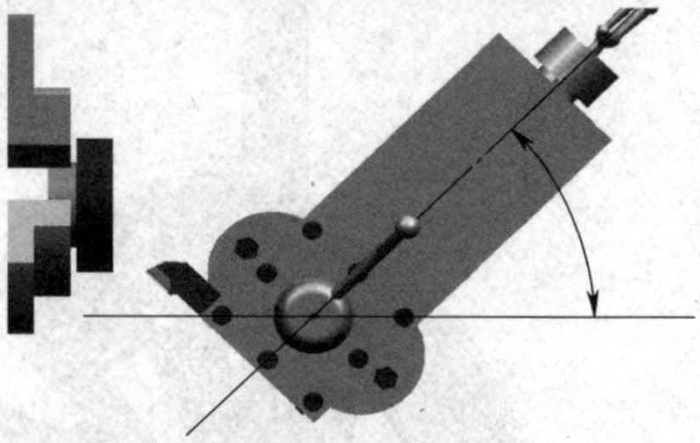
	2. 车削齿面，并控制齿面长度	
	3. 用游标万能角度尺检测，检测角度为_____，保证齿面角为_____	
旋转小滑板，车削齿背面	1. 小滑板复位后再_____方向旋转_____	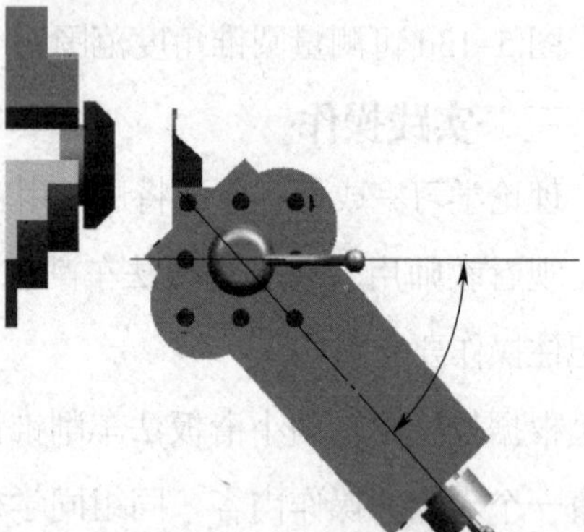

续表

步骤	操作内容	图示
	2. 车削齿背面	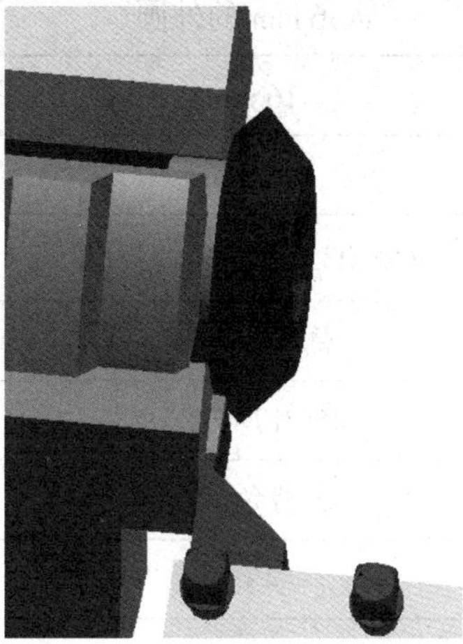
	3. 用游标万能角度尺检测_____ _____, 保证齿背角为_____	
车内锥面	小滑板_____方向旋转 _____, 车内锥面, 深_____mm	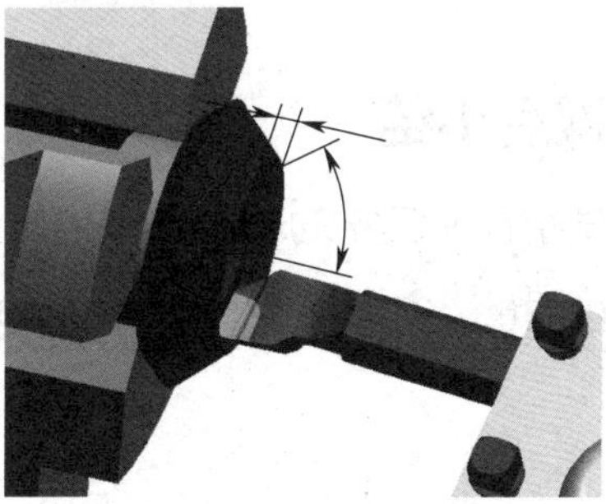

💬 任务测评

　　每位同学完成操作后，卸下工件，仔细测量，看其是否符合图样要求，针对出现的质量问题，填写加工情况记录表（见表5-8），对练习工件进行评价。

表 5-8　加工情况记录表

工作内容	加工情况	存在问题	改进措施
$\phi 56$ mm 的外圆			
16 mm			
$C1$ mm			
$\phi 88.035_{-0.1}^{0}$ mm 的外圆			
总长 38 mm			
$45°\ 17'\ 50''$			
齿背角 $47°$			
$43°$			
20 mm			
24.2 mm			
内锥面深 6 mm			
$\phi 34_{0}^{+0.019}$ mm 的内孔			
内孔 $C1$ mm			
$Ra \leqslant 1.6\ \mu m$			
安全文明操作			
教师评价	教师：　　　　　　　　　　　　　年　月　日		

课后小结

　　试结合本任务完成情况，从游标万能角度尺的应用、锥齿轮坯的车削方法、锥齿轮坯的车削质量、安全文明生产和团队协作等方面撰写工作总结。

巩固与提高

一、填空题（将正确答案填写在横线上）

1. 游标万能角度尺的分度值有_____和_____两种，其读数方法与游标卡尺相似。

2. 成批和大量生产时，为减少辅助时间，可用_____检验圆锥。

3. 游标万能角度尺可以测量_____范围内的任意角度。

4. 使用游标万能角度尺前要检查零线，基尺和直尺贴合面应不漏光，主尺和游标尺的零线应_____。

5. 采用转动小滑板法车锥齿轮坯，将小滑板的转动方向和转动角度填入表 5-9 中。

表 5-9 车锥齿轮坯

工件	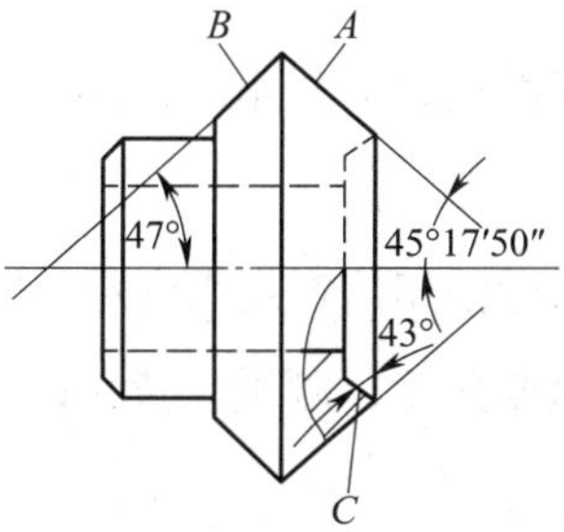 		
车锥面	车 A 面	车 B 面	车 C 面
转动方向			
转动角度			
车锥面图示	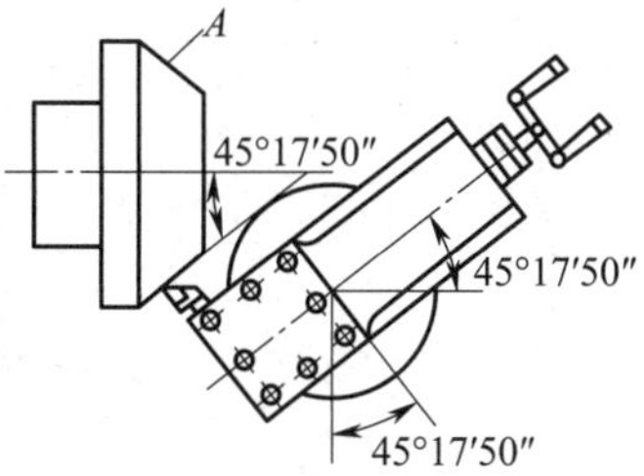	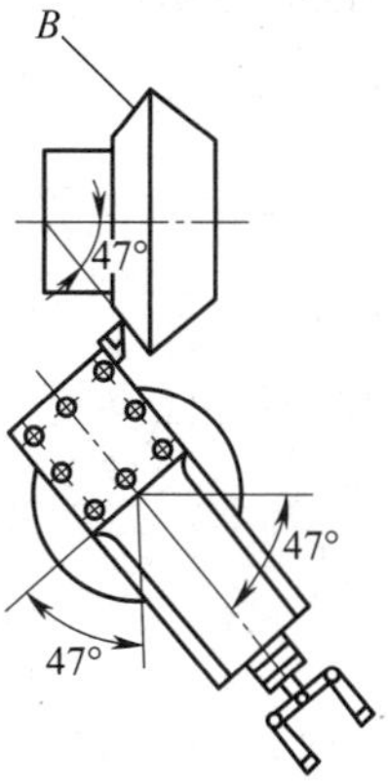	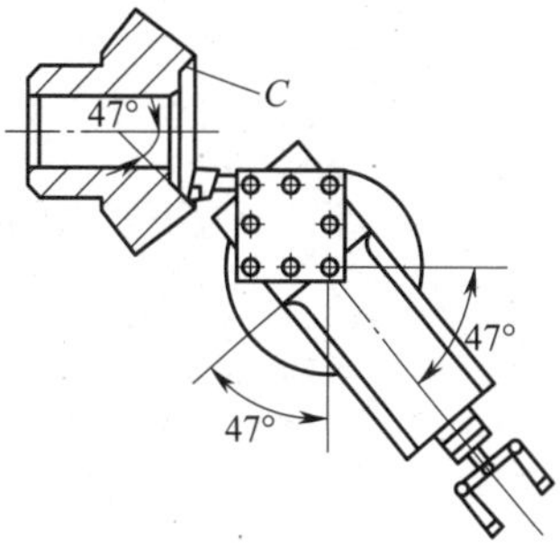
检具	游标万能角度尺或角度样板	游标万能角度尺或角度样板	角度样板
游标万能角度尺的读数			

二、判断题（正确的打"√"，错误的打"×"）

1. 用游标万能角度尺测量圆锥角度时，测量边应通过工件中心。（　　）

2. 用游标万能角度尺测量圆锥角度时，测量边应通过工件轴线。（　　）

3. 测量时，工件应与游标万能角度尺的两个测量面在全长上接触良好，以免产生误差。（　　）

4. 对圆锥角度的检测，除了常用的游标万能角度尺、圆锥量规、正弦规，还可以用角度样板来测量圆锥角度。（　　）

5. 根据待测量工件的不同角度，应正确搭配游标万能角度尺的直尺和直角尺。（　　）

6. 通过车削控制锥齿轮坯的齿面角和齿背角前，应准确计算小滑板的转动角度和转动方向。（　　）

7. 通过车削控制锥齿轮坯的齿面角和齿背角时，应注意车刀主偏角、副偏角的选择和车刀装夹位置的确定。（　　）

8. 车削锥面时，应注意小滑板行程和位置是否合理、安全。（　　）

9. 齿面角是锥齿轮坯的一个重要角度，测量齿背角以此为基准，因此要测量正确，但其不会影响锥齿轮的精度。（　　）

10. 通过车削控制锥齿轮坯的齿背角时，在与齿锥面交点的外圆处要留约 0.1 mm 的宽度。（　　）

三、简答题

1. 简述游标万能角度尺的读数方法。

2. 读出图 5-14 所示游标万能角度尺的读数。

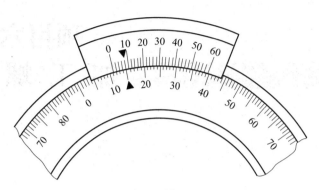

图 5-14 游标万能角度尺读数

四、实训题

滚齿前的锥齿轮坯工序图如图 5-15 所示，试整理出合理的工艺过程并进行车削。

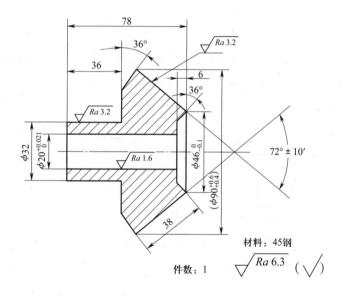

图 5-15 锥齿轮坯工序图

项目六
加 工 螺 纹

任务一　车螺纹的准备

任务描述

图 6-1 所示为普通外螺纹轴，其中普通外螺纹是主要车削内容。要顺利完成螺纹的车削工作，就要具备加工螺纹的基本知识和基本技能。

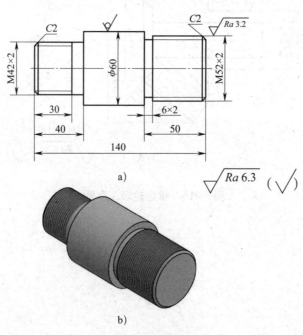

图 6-1　普通外螺纹轴

a）零件图　b）实物图

本项目五个任务涉及的知识点和技能点较多，故专门设计本任务——车螺纹的准备。

学习车螺纹的知识和技能时可参照以下步骤：

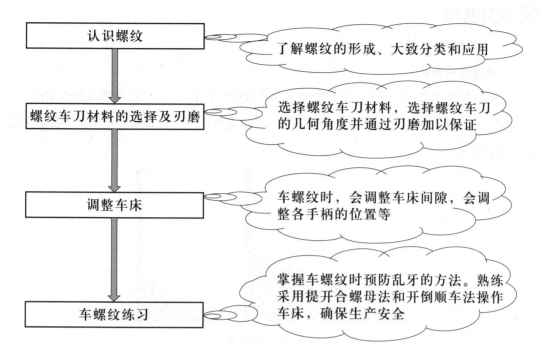

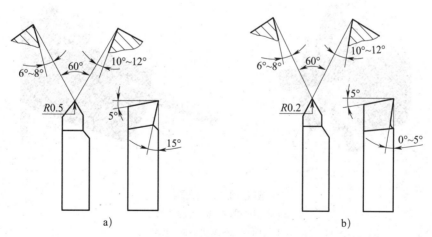

图 6-2 普通外螺纹车刀

a）粗车刀 b）精车刀

🔧 任务准备

一、识图及画图

识读普通外螺纹车刀图（见图 6-2），画出外螺纹车刀的轴测图。

二、螺纹车刀的刃磨准备

准备 12 mm×12 mm 高速钢刀条、细粒度砂轮（如 F80 的白刚玉砂轮）、防护眼镜、游标万能角度尺、螺纹对刀样板、一字旋具、呆扳手（或活扳手）。

⚒ 任务实施

一、新课准备

1. 螺旋线的形成

准备一支铅笔和一张白纸。将白纸裁成 30° 和 60° 直角三角形，斜边用黑色线画出。

如图 6-3 所示，将斜边涂黑的直角三角形纸片绕到铅笔上，其斜边在铅笔表面就形成了一条螺旋线。

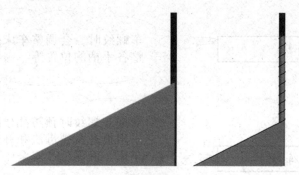

图 6-3　螺旋线的形成

2. 螺纹的形成

如果用螺纹车刀沿螺旋线切入，就形成了螺纹（见图 6-4）。螺纹的加工方法很多，车削是最常用的一种。

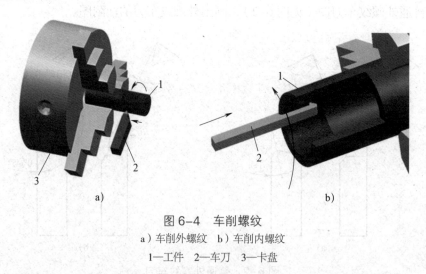

a)　　　　　　　　　　　　　　　　　　　b)

图 6-4　车削螺纹

a）车削外螺纹　b）车削内螺纹

1—工件　2—车刀　3—卡盘

思考：若采用三角形、梯形、矩形、锯齿形和圆形等不同形状的车刀刀头，会得到哪几种不同截面形状（牙型）的螺纹？

3. 复习相关内容

复习项目一中车刀切削部分几何要素和常用车刀材料等内容。

4. 加工螺纹对刀样板

图 6-5 所示的用不锈钢制作的螺纹对刀样板非常美观、实用，可否通过专业互助合作，请线切割专业的教师或同学帮助加工出来？

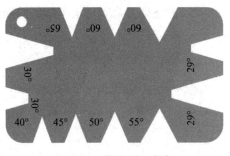

图 6-5　螺纹对刀样板

二、理论学习

认真听课，配合教师的提问、启发和互动，回答以下问题：

1. 高速钢螺纹车刀是否用于高速车削螺纹？为什么？

2. 车刀前角的选择原则是"粗加工时应选取较小的前角，精加工时应选取较大的前角"，而高速钢螺纹车刀前角的选择原则却相反，为什么？

3. 右旋螺纹车刀左侧切削刃的刃磨后角 α_{oL} 和左旋螺纹车刀右侧切削刃的刃磨后角 α_{oR} 相反，对否？简述其原因。

4. 测量螺纹车刀刀尖角时，将螺纹对刀样板平行于车刀前面进行检查，还是将其与车刀基面平行放置，再用透光法检查，用哪种方法测出的投影角度将等于或近似等于螺纹牙型角？

5. 简述提开合螺母法车螺纹的操作步骤。

三、实践操作

1. 刃磨普通外螺纹车刀

观看教师进行外螺纹车刀刃磨的实践操作演示，在实习场地完成以下操作，并记住操作要点。

同组同学相互配合，刃磨普通外螺纹车刀，用螺纹对刀样板测量刀尖角，测量时样板应与车刀基面平行，用透光法检查，检查两后面是否光整，两切削刃是否平直，后角是否正确，如图 6-6 所示。

图 6-6　用螺纹对刀样板测量刀尖角

2. 根据螺距调整车床相关手柄

观看教师根据螺距调整车床相关手柄的实践操作演示，在实习场地完成以下操作，并记住操作要点。

（1）同组同学相互配合，结合教师的讲解，依次进行以下手柄的变换：调整加大螺距及左、右螺纹变换手柄位置，选择右旋正常螺距（或导程）1/1 →调整主轴变速手柄位置，选择主轴转速 100 r/min →调整螺纹种类及丝杠、光杠变换手柄位置，选择手柄位置 B →调整进给量和螺距变换手柄位置→调整进给量和螺距变换手轮位置。

（2）在 CA6140 型卧式车床上车削螺距 $P=2.5\ mm$ 的米制螺纹，手柄、手轮位置应如何变换？交换齿轮如何变换？

3. 调整车床间隙

观看教师进行车床间隙调整的实践操作演示，在实习场地完成以下操作，并记住操作要点。

同组同学相互配合，结合教师的讲解，依次进行以下车床间隙的调整。

（1）小滑板间隙的调整步骤

松开右侧的顶紧螺栓→调整左侧的限位螺栓→调整合适后，紧固右侧的顶紧螺栓。

（2）中滑板间隙的调整步骤

松开中滑板前面（远离操作者方向）的顶紧螺栓→调整中滑板后面（靠近操作者方向）的限位螺栓→调整合适后，紧固中滑板前面（远离操作者方向）的顶紧螺栓。

（3）开合螺母松紧的调整步骤

先切断电源，找准溜板箱右侧的三个开合螺母调节螺钉→用呆扳手（或活扳手）从下到上依次拧松开合螺母的三个调节螺钉的锁紧螺母→用一字旋具从下到上依次拧紧或放松调节螺钉→将车床主轴转速调整至 100 r/min，顺时针和逆时针扳动开合螺母手柄，应操纵灵活、自如，不得有阻滞或卡住现象，无异常声音→检查溜板箱的移动，应轻重均匀、平稳→开合螺母的松紧程度调整好后，用呆扳手（或活扳手）从上到下依次锁紧开合螺母的三个调节螺钉的锁紧螺母。

4. 车削螺纹的操作练习

（1）观看教师车削螺纹的实践操作演示，在实习场地完成以下操作，并记住操作要点。

1）学习在车床上车削螺纹的基本操作技能，是在熟练掌握车外圆、车端面、车锥面等操作技能的基础上进行的，属于操作车床技能的熟练、提高阶段，应反复练习，达到熟练掌握的目的。

2）同组同学相互配合，结合教师的讲解，依次进行车削螺纹的操作练习。先在导轨离卡盘一定距离处做一记号，作为车削时车刀纵向移动的终点。

（2）观看教师用开倒顺车法车削外螺纹的实践操作演示，并记住操作要点。

站立位置改为站在卡盘和刀架之间（约45°方向），左手在操作中不离操纵杆，右手在开合螺母合下后，负责控制中滑板进刀，当床鞍移到记号处时，不提开合螺母，右手快速退回中滑板，左手同时压下操纵杆，使主轴反转，床鞍纵向退回。

任务测评

每位同学完成操作后，填写车削螺纹准备工作情况记录表（见表6-1），看其能否达到反应灵敏，双手动作配合协调、娴熟、自然等要求。

表6-1　车削螺纹准备工作情况记录表

工作内容	完成情况	存在问题	改进措施
外螺纹车刀的刃磨			
螺距的调整			
车床间隙的调整			
车削螺纹的操作练习			
开倒顺车法车削外螺纹练习			
安全文明操作			
教师评价	教师：　　　　　　　　　　　年　月　日		

课后小结

试结合本任务完成情况，从外螺纹车刀的刃磨、车床手柄的调整、提开合螺母车螺纹的操作、开倒顺车的操作、安全文明生产和团队协作等方面撰写工作总结。

课后阅读

一、螺纹的应用

在各种机械中，带有螺纹的零件应用非常广泛，见表 6-2。

表 6-2　螺纹件的应用

粗牙普通螺纹

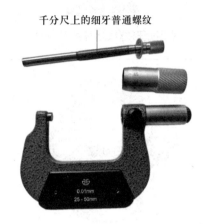

千分尺上的细牙普通螺纹

液化气管道的管螺纹连接

自来水管道的管螺纹连接

车床刀架上用于装夹车刀的刀柄压紧螺钉

用于传递动力的车床丝杠

续表

 使用矩形螺纹丝杆的升降台	 瓶口的专用螺纹
 半联轴器的螺纹连接 1、2—半联轴器　3—螺母　4—螺栓	 数控机床的滚珠丝杠螺母副

二、螺纹的一般分类方法

如图 6-7 所示为螺纹的一般分类方法。

$$
\text{螺纹}
\begin{cases}
\text{紧固螺纹（三角形螺纹）} \begin{cases} \text{普通螺纹} \begin{cases} \text{粗牙} \\ \text{细牙} \end{cases} \\ \text{小螺纹（螺距范围为0.3~1.4 mm）} \\ \text{美制螺纹} \\ \text{英制螺纹} \end{cases} \\[2mm]
\text{管螺纹} \begin{cases} 55°\text{非密封管螺纹} \\ 55°\text{密封管螺纹} \\ 60°\text{密封管螺纹} \\ \text{米制管螺纹} \end{cases} \\[2mm]
\text{传动螺纹} \begin{cases} \text{梯形螺纹} \\ \text{锯齿形螺纹} \\ \text{矩形螺纹} \\ \text{滚珠形螺纹} \end{cases} \\[2mm]
\text{专用螺纹（如自攻螺钉用螺纹、木螺钉螺纹、气瓶专用螺纹等）}
\end{cases}
$$

图 6-7　螺纹的一般分类方法

三、右旋螺纹和左旋螺纹

按螺旋线方向不同，螺纹可分为右旋螺纹和左旋螺纹。顺时针旋入的螺纹为右旋螺纹，逆时针旋入的螺纹为左旋螺纹（LH）。螺纹的旋向可用图6-8所示的方法判别。

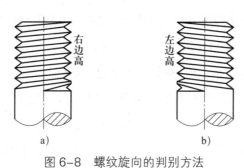

图 6-8　螺纹旋向的判别方法
a）右旋螺纹　b）左旋螺纹

巩固与提高

一、填空题（将正确答案填写在横线上）

1. 目前广泛采用的螺纹车刀材料一般有＿＿＿＿＿＿＿和＿＿＿＿＿＿＿＿两类。

2. 高速钢螺纹车刀一般用于＿＿＿＿＿＿＿车削螺纹，而硬质合金螺纹车刀一般用于＿＿＿＿＿车削螺纹。

3. 车螺纹时，由于＿＿＿＿＿＿＿的影响，使车刀工作时的后角与车刀静止时的后角数值＿＿＿＿＿＿。螺纹升角越＿＿＿＿，对工作后角影响越明显。

4. 粗磨有背前角的螺纹车刀时，可先使刀尖角略＿＿＿＿牙型角，磨好背前角后，再修磨＿＿＿＿＿。

5. 刃磨切削刃时，车刀要在砂轮表面左右、上下移动，这样容易使切削刃＿＿＿＿。

6. 磨削高速钢螺纹车刀时，刀具对砂轮的压力应＿＿＿＿一般车刀。

7. 磨外螺纹车刀时，刀尖角平分线应＿＿＿＿＿刀柄中心线。

二、判断题（正确的打"√"，错误的打"×"）

1. 车削螺纹时，车刀材料选择得合理与否，对螺纹的加工质量和生产效率没有很大的影响。（　　）

2. 刃磨背前角为0°的螺纹车刀时，应使刀尖角等于牙型角。（　　）

3. 刃磨高速钢螺纹车刀时，应选用细粒度砂轮（如F80的白刚玉砂轮），刃磨时刀具对砂轮的压力应大于一般车刀，并经常浸水冷却，以免发生退火。（　　）

4. 为防止误操作，当开合螺母合下后，床鞍和十字手柄的功能会被锁住。（　　）

5. 螺纹车刀工作时的前角和后角与车刀刃磨前角和刃磨后角的数值不相同。（　　）

6. 螺纹精车刀的背前角应取得较大，这样才能达到理想的效果。（　　　）

7. 用螺纹对刀样板检查螺纹车刀时，使车刀两切削刃与样板平面平行，才能使刀尖角近似等于牙型角。（　　　）

三、选择题（将正确答案的代号填入括号内）

1. 与内螺纹牙顶或外螺纹牙底相切的假想圆柱（或圆锥）的直径称为螺纹（　　　）。

A. 公称直径　　　　　B. 大径　　　　　C. 中径　　　　　D. 小径

2. 在车床上车削常用螺距（或导程）的螺纹和蜗杆时，一般只要按照车床进给箱铭牌上标注的数据变换（　　　），就可以得到常用的螺距（或导程）。

A. 主轴箱外手柄位置　　　　　　　　　B. 进给箱外手柄位置

C. 溜板箱外手柄位置　　　　　　　　　D. 交换齿轮箱内的交换齿轮

3. 普通螺纹的公称直径是指螺纹的（　　　）。

A. 大径　　　　　B. 小径　　　　　C. 中径　　　　　D. 外螺纹底径

4. （　　　）的螺纹不是右旋螺纹。

A. 顺时针旋转时旋入　　　　　　　　　B. 逆时针旋转时旋入

C. 逆时针旋转时旋出　　　　　　　　　D. 把螺纹竖直放置时右侧的牙高于左侧

E. 顺时针旋转时旋出

5. 车右旋螺纹时，车刀左侧切削刃的工作后角比其刃磨后角（　　　）。

A. 大　　　　　B. 小　　　　　C. 相等　　　　　D. 不确定

6. 螺纹车刀的背前角 $\gamma_p>0°$，则车出螺纹的牙侧是（　　　）线。

A. 直　　　　　B. 曲　　　　　C. 任意　　　　　D. 以上选项均正确

7. 车右旋螺纹时，螺纹车刀右侧切削刃刃磨后角 $\alpha_{oR}=$（　　　）。

A.（$3°\sim5°$）$+\psi$　　B.（$3°\sim5°$）$-\psi$　　C. $\psi-$（$3°\sim5°$）　　D. $3°\sim5°$

四、简答题

1. 什么是乱牙？车螺纹时产生乱牙的原因是什么？如何预防乱牙？

2. 三角形螺纹车刀几何角度的选择原则是什么?

五、计算题

在丝杠螺距为 12 mm 的 CA6140 型卧式车床上,车削导程为 1.75 mm、4 mm、6 mm、8 mm 的螺纹,判断是否会发生乱牙。

六、实训题

1. 按图 6-9 所示进行盘绕螺纹操作,并判断图中螺旋线的旋向。

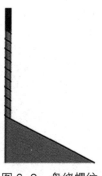

图 6-9　盘绕螺纹

2. 在 CA6140 型卧式车床上车削 M12 的螺纹，手柄位置应如何变换？交换齿轮如何变换？

3. 在 CA6140 型卧式车床上车削 1 in（25.4 mm）内 8 牙的英制螺纹，手柄位置应如何变换？交换齿轮如何变换？

4. 简述用开倒顺车法车螺纹时退刀的操作步骤，并在主轴低速→主轴中速→主轴高速→扩大螺距等状态下进行操作训练。

任务二 车普通外螺纹

任务描述

本任务的主要内容是车削图 6-10 所示的含退刀槽的细牙普通外螺纹轴，螺距 $P=$ 2 mm，倒角为 $C2$ mm，长度为 50 mm，螺纹两牙侧的表面粗糙度 Ra 值为 3.2 μm，退刀槽宽 6 mm、深 2 mm。

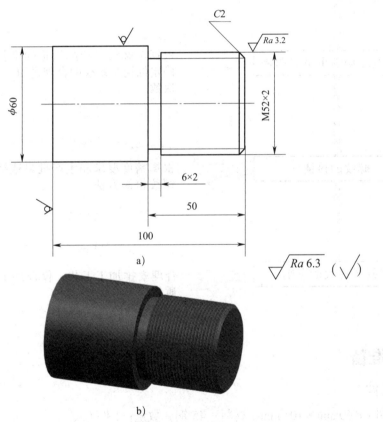

图 6-10 含退刀槽的细牙普通外螺纹轴

a）零件图　b）实物图

低速车削普通外螺纹是用圆板牙套螺纹、高速车削普通外螺纹、低速车削普通内螺纹等的基础，大家一定要重视。

学习车普通外螺纹的知识和技能时可参照以下步骤：

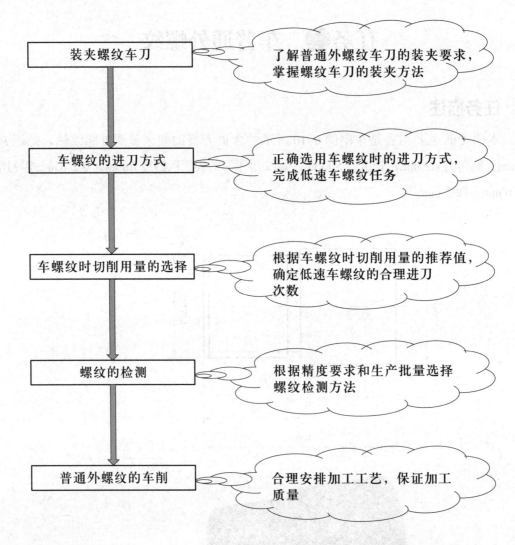

任务准备

一、工件

毛坯尺寸：$\phi 60$ mm × 105 mm。材料：45 钢。数量：1 件 / 人。

二、工艺装备

准备 90° 粗车刀、90° 精车刀、45° 车刀、车槽刀、高速钢普通外螺纹车刀、分度值为 0.02 mm 的 0 ~ 150 mm 游标卡尺、50 ~ 75 mm 千分尺、螺纹样板、螺纹环规、螺纹对刀样板。

三、设备

准备 CA6140 型卧式车床。

⚒ **任务实施**

一、新课准备

1. 通过观察生活、深入生产实际以及在互联网上收集资料等，对普通螺纹的种类及其标记做基本了解，进行交流及讨论。

2. 在互联网或机械制图、公差配合与技术测量等教材上收集资料，对普通螺纹的牙型、主要参数及其计算公式做基本了解，相互交流及讨论。

二、理论学习

认真听课，配合教师的提问、启发和互动，回答以下问题：

1. 普通外螺纹车刀的装夹要求有哪些？

2. 如何选择车螺纹时的进刀方式？精车时选用什么进刀方式？

3. 如何确定低速车削螺纹 M27×1.5 的进刀次数?

4. 单项测量法是选择合适的量具测量螺纹的某一单项参数，一般用于测量螺纹大径、螺距和中径。

（1）螺纹大径公差较大，一般采用_____或_____测量。

（2）螺距一般可用_____或_____测量。

（3）普通外螺纹的中径可用螺纹千分尺（见图 6-11）测量或用三针测量法测量（比较精密）。试说明螺纹千分尺的结构、使用方法和读数原理。

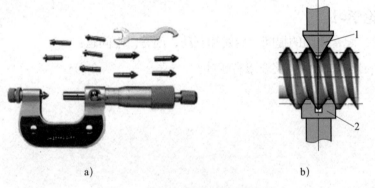

a) b)

图 6-11 用螺纹千分尺测量中径
a）螺纹千分尺及其附件 b）测量中径
1—上测量头 2—下测量头

三、实践操作

观看教师车普通外螺纹的实践操作演示，在实习场地完成以下操作，并记住操作要点。

1. 同组同学相互配合，将毛坯装夹在三爪自定心卡盘中，利用划针找正、夹紧，粗车、精车外螺纹大径、退刀槽，调整螺距 $P=2$ mm 时各手柄相应的位置，选择切削用量，用 M52×2 螺纹环规对工件进行综合检测。

2. 讨论并实践

（1）车削螺纹前，先用螺纹车刀在工件外圆上划出一条很浅的螺旋线，再用钢直尺、游标卡尺或螺纹样板对螺纹的螺距进行测量。

按图 6-12 所示用钢直尺测量螺纹的螺距时，是每次测量 1 个牙的螺距，还是每次测量 5 个或 10 个牙的螺距，然后取其平均值？为什么？

图 6-12 用钢直尺测量螺纹的螺距

（2）低速车螺纹时，如何调整切削液喷嘴？把切削液浇注在图 6-13 所示的什么位置？

图 6-13 浇注切削液

（3）低速车螺纹时经常会出现扎刀现象，如图 6-14 所示。具有较大背前角的螺纹车刀在车削时会产生一个较大的背向力 F_p，这个力有把车刀向工件里面拉的趋势。如果中滑板丝杆与螺母之间的间隙较大，就会产生扎刀（拉刀）现象，在实际操作中应如何解决这一问题？

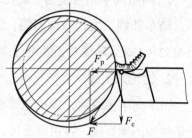

图 6-14　低速车螺纹时出现扎刀现象

（4）用螺纹环规综合检测工件（见图 6-15），要求通规通过退刀槽与台阶端面靠平，止规旋入一圈算合格吗？为什么？

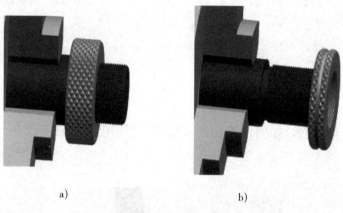

a)　　　　　　　　　　　　　　b)

图 6-15　用螺纹环规综合检测工件

a）用通规检测　b）用止规检测

💬 **任务测评**

每位同学完成操作后，卸下工件，仔细测量，看其是否符合图样要求，针对出现的质量问题，填写加工情况记录表（见表 6-3），对练习工件进行评价。

表6-3 加工情况记录表

工作内容	加工情况	存在问题	改进措施
M52×2			
长度50 mm			
倒角 C2 mm			
退刀槽6 mm×2 mm			
用螺纹环规综合检测			
安全文明操作			
教师评价	教师： 　　　　　　年 月 日		

🖐 课后小结

试结合本任务完成情况，从螺纹车刀的装夹、低速车削螺纹的方法、螺纹的车削质量、安全文明生产和团队协作等方面撰写工作总结。

📖 课后阅读

一、普通螺纹的标记

普通螺纹的标记见表6-4。

表6-4 普通螺纹的标记

种类	特征代号	标记示例	螺旋副标记示例	备注
粗牙	M	M16—6g—L—LH M——普通螺纹 16——公称直径为16 mm 6g——中径和顶径公差带代号 L——长旋合长度 LH——左旋	M20—6H/6g—LH 6H——内螺纹公差带代号 6g——外螺纹公差带代号	1. 粗牙普通螺纹不标螺距 2. 右旋不标旋向代号，左旋用LH表示 3. 旋合长度代号有长旋合长度L、中等旋合长度N（不标）和短旋合长度S三组

续表

种类	特征代号	标记示例	螺旋副标记示例	备注
细牙	M	M16×1—6H7H M——普通螺纹 16——公称直径为16 mm 1——螺距为1 mm 6H——中径公差带代号 7H——顶径公差带代号	M20×2—6H/5g6g—LH 6H——内螺纹公差带代号 5g6g——外螺纹公差带代号	4. 中径和顶径公差带代号相同时只标一个 5. 在螺纹副公差带代号中，内螺纹公差带代号在前，外螺纹公差带代号在后，中间用"/"隔开

二、普通螺纹的主要参数

通过螺栓和螺母轴线把螺纹剖开，可以清楚地看到普通螺纹的牙型。如图 6-16 所示为螺纹的主要参数。

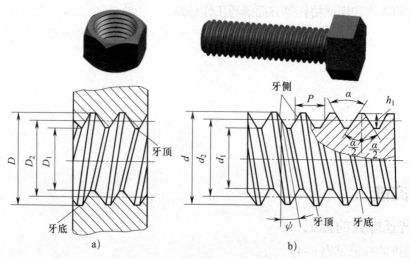

图 6-16　螺纹的主要参数

a）内螺纹　b）外螺纹

普通螺纹主要参数的公式和定义见表 6-5。

表 6-5　普通螺纹主要参数的公式和定义

主要参数	公式	定义
牙型角 α	$\alpha=60°$	在螺纹牙型上，相邻两牙侧间的夹角
牙型高度 h_1	$h_1=0.541\,3P$	在螺纹牙型上，牙顶到牙底在垂直于螺纹轴线方向上的距离

续表

主要参数	公式	定义
螺纹大径 D、d（公称直径）	$d=D=$ 公称直径	与内螺纹牙底或外螺纹牙顶相切的假想圆柱（或圆锥）的直径
螺纹小径 D_1、d_1	$d_1=D_1=D-1.0825P$	与内螺纹牙顶或外螺纹牙底相切的假想圆柱（或圆锥）的直径
螺纹中径 D_2、d_2	$d_2=D_2=D-0.6495P$	是指一个假想圆柱（或圆锥）的直径，该圆柱的母线通过牙型上沟槽和凸起宽度相等处
螺距 P	P	相邻两牙在中径线上对应两点间的轴向距离
螺纹升角 ψ	$\tan\psi=\dfrac{nP}{\pi d_2}$	在中径圆柱上，螺旋线的切线与垂直于螺纹轴线的平面之间的夹角

巩固与提高

一、填空题（将正确答案填写在横线上）

1. 单项测量法是指测量螺纹的某一单项参数，一般是指对螺纹_____、_____和_____的分项测量，测量的方法和选用的量具也各不相同。

2. 车削螺纹时，必须根据不同的_____和_____选择不同的测量方法，常见的测量方法有_____法和_____法两种。

3. 螺纹大径一般用_____或_____测量。

4. 普通螺纹的中径可用_____测量，它一般用来测量螺距（或导程）为_____ mm 的_____螺纹。

5. 车螺纹时使用_____，可以吸振和防止扎刀。

6. 车螺纹前，应先调整好_____、_____的松紧程度及_____间隙。

7. 车脆性材料螺纹时，背吃刀量不宜_____；否则会使螺纹牙尖爆裂，产生废品。低速精车螺纹时，最后几刀采取_____进给或_____进给车削，以车光螺纹侧面。

二、判断题（正确的打"√"，错误的打"×"）

1. 加工螺纹过程中，中途换刀或刃磨后重新装刀，必须重新对刀。　　　　（　　）

2. 粗车螺纹第 1、2 刀时，由于总的切削面积不大，可以选择相对较大的背吃刀量。

（　　）

3. 螺纹的牙型角一般可以用螺纹样板或牙型角样板检验。　　　　　　　　（　　）

4. 当螺纹通规全部拧入，螺纹止规拧入不超过 1 个螺距时，说明该螺纹不合格。（　　）

5. 车削高台阶的螺纹时，靠近高台阶一侧的车刀切削刃应长些，否则易擦伤轴肩。

（　　）

6. 调整进给箱手柄时，车床在低速下操作或停车用手拨动一下卡盘。（　　）

7. 车螺纹过程中，要用棉纱擦螺纹，以便于清楚地观察牙型两侧面。（　　）

三、选择题（将正确答案的代号填入括号内）

1. 粗车塑性金属工件的普通螺纹时宜采用（　　）。

A. 左右切削法　　　　　　　　　　B. 斜进法

C. 直进法　　　　　　　　　　　　D. 斜进法或左右切削法

2. 低速车削螺距较小（$P<2.5$ mm）的普通螺纹或高速车削普通外螺纹时，可采用（　　）。

A. 左右切削法　　　　　　　　　　B. 斜进法

C. 直进法　　　　　　　　　　　　D. 斜进法或左右切削法

3. 采用（　　）车普通外螺纹时，切削用量可取大些。

A. 左右切削法　　　　　　　　　　B. 斜进法

C. 直进法　　　　　　　　　　　　D. 斜进法或左右切削法

4. 测量（　　）的常用方法包括用螺纹千分尺测量和用三针测量法测量。

A. 中径　　　　　B. 小径　　　　　C. 大径　　　　　D. 牙型

四、简答题

1. 车螺纹时，导致中径不正确的原因是什么？

2. 如何使用螺纹样板检验螺纹的螺距？

3. 车螺纹时，导致牙型不正确的原因是什么？

4. 车螺纹时，导致螺距不正确的原因是什么？导致局部螺距不正确的原因是什么？

五、实训题

在车床上车削图 6-17 所示的双头螺柱，并整理出合理的工艺过程。

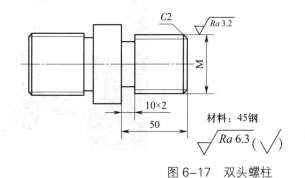

次数	M
1	M30×2
2	M25×1.5
3	M20×1

图 6-17　双头螺柱

任务三　用圆板牙套外螺纹

任务描述

本任务是加工图 6-18 所示的带普通外螺纹的长头螺栓，加工的主要内容是用圆板牙套长度为 25 mm 的 M8 外螺纹。

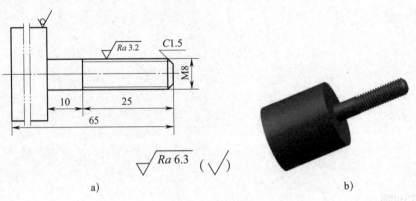

图 6-18 长头螺栓

a）零件图 b）实物图

该工件的加工步骤如下：车端面→粗车外圆→精车外圆→倒角→套螺纹→检测。

圆板牙是用高速钢制成的一种成形多刃刀具，可用于加工不宜采用车刀车削的小直径或小螺距、精度要求又较低的外螺纹。如图 6-19 所示，套螺纹可以一次切削成形，操作方便，生产效率高，工件互换性也好。

图 6-19 套螺纹

学习用圆板牙套外螺纹的知识和技能时可参照以下步骤：

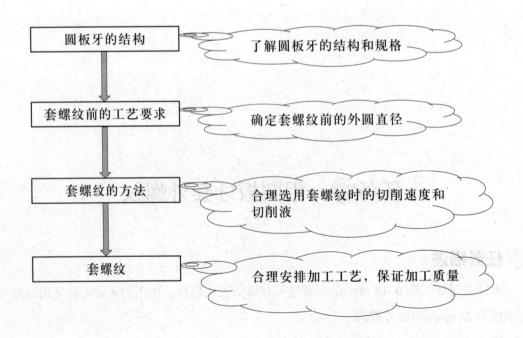

圆板牙的结构 —— 了解圆板牙的结构和规格

套螺纹前的工艺要求 —— 确定套螺纹前的外圆直径

套螺纹的方法 —— 合理选用套螺纹时的切削速度和切削液

套螺纹 —— 合理安排加工工艺，保证加工质量

任务准备

一、工件

毛坯尺寸：ϕ30 mm×70 mm。材料：45 钢。数量：1 件 / 人。

二、工艺装备

准备 45° 车刀、90° 车刀、M8 圆板牙、套螺纹工具、分度值为 0.02 mm 的 0~150 mm 游标卡尺、M8 螺纹环规。

三、设备

准备 CA6140 型卧式车床。

任务实施

一、新课准备

在互联网上收集有关套螺纹工具的资料，有条件的同学可以拍些照片，进行交流及讨论，认识套螺纹工具及其使用方法。

二、理论学习

认真听课，配合教师的提问、启发和互动，回答以下问题：

1. 圆板牙有几个排屑孔？圆板牙有正反面之分吗？

2. 如何确定套螺纹前的外圆直径？

3. 工件为 45 钢，如何选择套螺纹时的切削速度和切削液？

三、实践操作

1. 观看教师用圆板牙套外螺纹的实践操作演示，在实习场地完成以下操作，并记住操作要点。

同组同学相互配合，将毛坯安装在三爪自定心卡盘上，利用划针找正并夹紧→车端面→粗车外圆→精车外圆→倒角→套螺纹→检测。

2. 根据教材中在车床上套螺纹的操作步骤和图示，联系前后步骤和图示，理解每一个步骤的操作内容。同组同学相互配合完成套螺纹的任务，补全表6-6所列操作步骤中的相关内容。

表6-6 在车床上套螺纹的操作步骤（部分）

步骤	操作内容	图示
转动尾座手轮，套螺纹	1. 转动尾座手轮，使圆板牙靠近工件_____，启动_____	
	2. 开动切削液泵加注切削液，继续转动尾座手轮，使圆板牙切入工件后停止转动尾座手轮，此时圆板牙沿工件轴线_____，切削工件外螺纹	
	3. 当圆板牙切削到所需长度位置时，立即使车床停转	

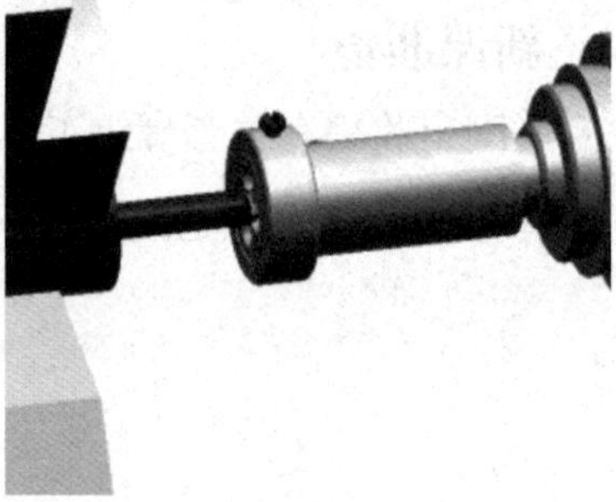

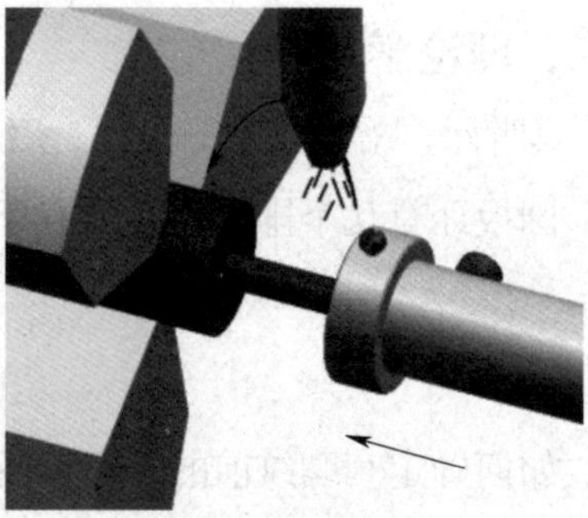

续表

步骤	操作内容	图示
	4. 开反车使主轴_____，退出_____，完成螺纹加工	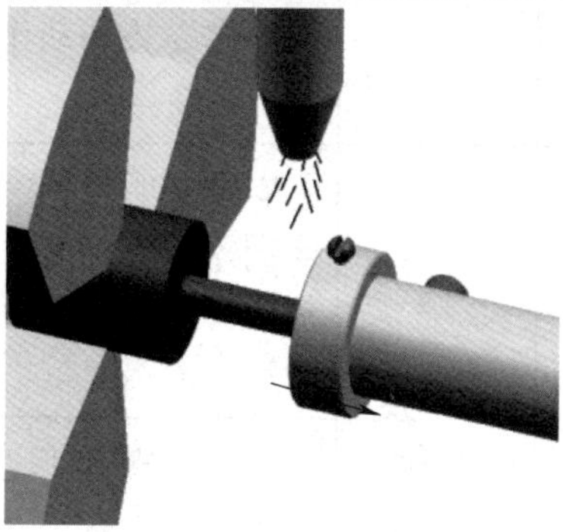

💬 任务测评

每位同学完成套螺纹操作后，卸下圆板牙和工件，仔细测量并确定工件是否符合图样要求，填写套螺纹评分表（见表6-7），对练习工件进行评价。

针对出现的质量问题分析出原因，总结出改进措施。

表6-7　套螺纹评分表

序号	考核项目	考核内容和要求	配分	评分标准	检测结果	得分
1	外圆	25 mm	10	超差不得分		
		10 mm	10	超差不得分		
		$Ra \leqslant 6.3\ \mu m$（2处）	6×2	不符合要求不得分		
2	螺纹	套螺纹前的外圆直径 7.86 mm	10	超差不得分		
		M8	30	不符合要求不得分（用螺纹环规检查）		
		螺纹牙型两侧 $Ra \leqslant 3.2\ \mu m$	16	不符合要求不得分		
		不能有乱牙现象	9	不符合要求不得分		
3	倒角	$C1.5$ mm	3	不符合要求不得分		
4	工具、设备的使用与维护	正确、规范使用工具、量具、刀具，并进行合理保养与维护		不符合要求酌情扣分		
		正确、规范使用设备，并进行合理保养与维护		不符合要求酌情扣分		

续表

序号	考核项目	考核内容和要求	配分	评分标准	检测结果	得分
4		操作姿势和动作规范、正确		不符合要求酌情倒扣分		
5	安全及其他	安全文明生产，遵守国家颁布的有关法规或企业自定的有关规定		不符合要求酌情倒扣分，发生较大事故者取消阶段练习资格		
		操作步骤和工艺规程正确		不符合要求酌情倒扣分		
		工件局部无缺陷		不符合要求倒扣 1～10 分		
6	完成时间	30 min		每超过 10 min 倒扣 10 分；超过 30 min 不合格		
	合计		100			
教师评价		教师：			年 月 日	

📋 课后小结

试结合本任务完成情况，从套螺纹前外圆直径的确定、套螺纹的方法、套螺纹的质量、安全文明生产和团队协作等方面撰写工作总结。

📖 课后阅读

在实际生产中，还存在着一些高效的螺纹加工刀具，它们在螺纹的批量加工中发挥着重要的作用。

一、滚丝轮

利用滚丝轮（见图 6-20）滚压螺纹属于无切屑加工。滚丝轮的相关参数分别与工件的螺距和螺纹中径、螺旋升角相等。滚丝轮工作时可调节其压入工件的速度和压力，因此能对直径较大、强度较高或刚度低的工件进行加工，可加工 M3～M45 的粗牙螺纹和细牙螺纹。

二、搓丝板

搓丝板（见图 6-21）是另一种无切屑加工螺纹的工具，标准搓丝板的牙型、材料与滚丝轮相同，一般用合金工具钢 9SiCr 或 Cr12MoV 制造，淬火后硬度为 59～62HRC。搓丝板的精度分为 2、3 两个等级，分别适用于加工 5 级、6 级和 6 级、7 级的外螺纹。

图 6-20　滚丝轮

图 6-21　搓丝板

搓丝板由于受行程限制，只宜加工 M24 以下的螺纹，加工时径向力大，工件易变形，加工精度较低，不适宜加工薄壁和空心工件。

📝 巩固与提高

一、填空题（将正确答案填写在横线上）

1. 一般直径和螺距_____，精度要求_____的螺纹，可用套螺纹的方法直接加工出来。

2. 套螺纹时，工件外圆比螺纹的公称尺寸小_____P。

3. 套螺纹过程中选择切削液时，一般切削钢件时选用_____、机油或乳化液；切削低碳钢或韧性较好的材料（如 40Cr 钢等）时，可选用_____；切削铸铁时，可以用_____或_____。

二、判断题（正确的打"√"，错误的打"×"）

1. 圆板牙是一种标准的多刃螺纹加工工具。　　　　　　　　　　　　　　（　　）

2. 圆板牙两端的锥角是切削部分，因此正反都可使用。圆板牙中间完整的齿深为螺纹牙型的校正部分。　　　　　　　　　　　　　　　　　　　　　　　　　　（　　）

3. 套螺纹工具在尾座套筒锥孔中必须装紧。 （　　）

4. 圆板牙装入套螺纹工具时，不必使圆板牙端面与车床主轴轴线垂直，套螺纹过程中圆板牙会自动找正。 （　　）

三、选择题（将正确答案的代号填入括号内）

1. 套螺纹时，如果是钢件，一般选用（　　）作为切削液。

A. 硫化切削油 B. 机油或乳化液

C. 工业植物油 D. 煤油

2. 套螺纹时，工件外圆车至尺寸后，端面倒角要（　　）45°，使圆板牙容易切入。

A. 等于 B. 大于 C. 小于 D. 以上选项均正确

四、简答题

1. 什么是套螺纹？套螺纹用的切削刀具一般采用什么材料？

2. 套螺纹时，导致螺纹中径尺寸不正确的原因是什么？

3. 套螺纹时，导致螺纹表面粗糙度值大的原因是什么？

4. 用 M27×1.5 的圆板牙套螺纹，如何确定套螺纹前工件外圆直径？

五、实训题

工件材料为 45 钢，毛坯尺寸为 $\phi45$ mm×125 mm，完成套螺纹操作并整理出合理的工艺过程，如图 6-22 所示。

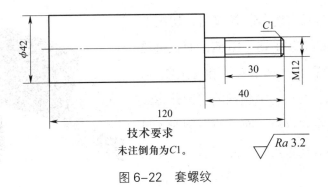

技术要求
未注倒角为C1。

$\sqrt{Ra\,3.2}$

图 6-22　套螺纹

任务㈣　高速车削普通外螺纹

🔩任务描述

本任务是加工图 6-23 所示的带普通外螺纹的螺杆，加工的主要内容是高速车削 M33×2 的外螺纹。

该工件的加工步骤如下：车端面→粗车外圆→精车外圆→倒角→车螺纹→检测。

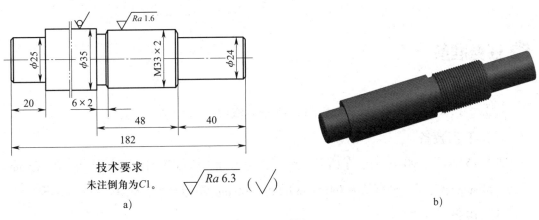

技术要求
未注倒角为C1。　$\sqrt{Ra\,6.3}$ $(\sqrt{})$

a)

图 6-23　螺杆
a）零件图　b）实物图

用硬质合金车刀高速车削螺纹时，切削速度可比低速车削螺纹提高 15~20 倍，而且进给次数可以减少 2/3 以上。如低速车削图 6-23 所示的螺距 $P=2$ mm、材料为中碳钢的普通外螺纹时，一般需 12 次左右进给；而高速车削时（见图 6-24）仅需 3~4 次进给，因此高速车削螺纹的应用日益广泛。

图 6-24　高速车削螺纹

学习高速车削普通外螺纹的知识和技能时可参照以下步骤：

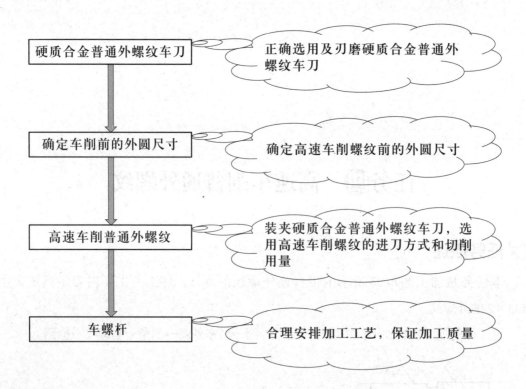

任务准备

一、工件

毛坯尺寸：$\phi 35$ mm×185 mm。材料：45 钢。数量：1 件 / 人。

二、工艺装备

准备 45° 车刀、90° 车刀、车槽刀、硬质合金普通外螺纹车刀、螺纹样板、0~25 mm 和 25~50 mm 千分尺、分度值为 0.02 mm 的 0~200 mm 游标卡尺、M33×2 螺纹环规。

三、设备

准备 CA6140 型卧式车床。

✖ 任务实施

一、新课准备

1. 复习项目一中常用车刀材料的相关内容。

2. 复习项目六任务二中高速钢普通外螺纹车刀的装夹、低速车削螺纹时的进刀方式、切削用量的选用等相关内容。

二、理论学习

认真听课，配合教师的提问、启发和互动，回答以下问题：

1. 识读图 6-25 所示的硬质合金普通外螺纹车刀，与高速钢普通外螺纹车刀相比较，它们的几何参数有哪些区别？

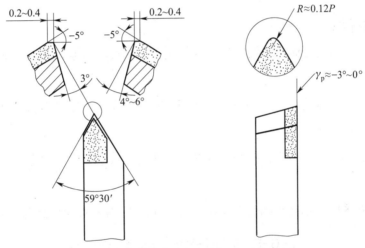

图 6-25　硬质合金普通外螺纹车刀

2. 为什么硬质合金普通外螺纹车刀的刀尖角取 59°30′？

3. 高速车削普通外螺纹时如何确定车削前的外径？

4. 高速车削普通外螺纹时如何选用切削用量？

三、实践操作

观看教师高速车削普通外螺纹的实践操作演示，在实习场地完成以下操作，并记住操作要点。

1. 同组同学相互配合，完成高速车削普通外螺纹的操作。通过实训，对高速车削工艺过程有一个整体的认识。

2. 通过加工螺杆，逐步掌握提高车削螺纹的速度、效率和质量的方法，使车螺纹的技能进一步提高。

3. 根据表 6-8 中车削螺杆的操作步骤，结合部分工序图示，补全相关操作内容。

表 6-8　车削螺杆的操作步骤（部分）

操作内容	图示
（1）前角取＿＿＿＿＿＿＿＿＿＿，以提高＿＿＿＿＿＿＿＿＿＿＿＿＿＿＿＿＿＿＿	

续表

操作内容	图示
（2）牙型角检测方法：____	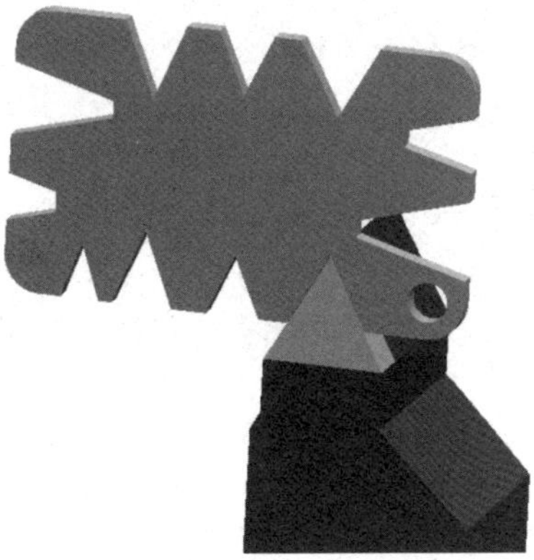
（3）螺纹车刀高度要求：____	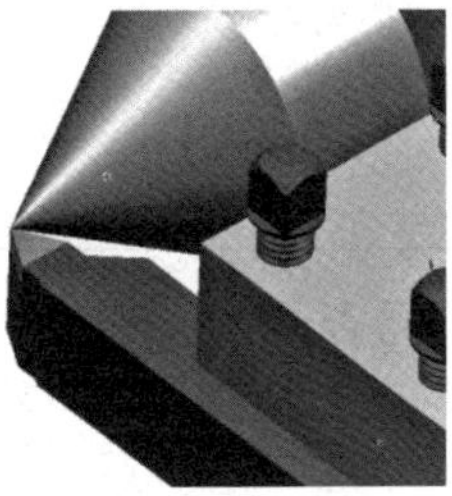
（4）对刀要求：____	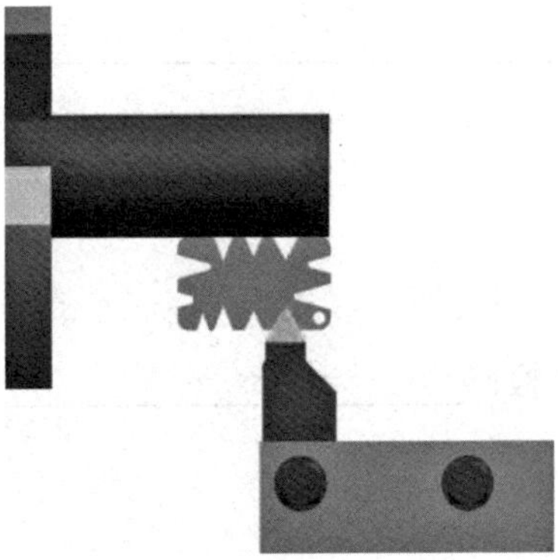
（5）调整中滑板和小滑板间隙要求：____	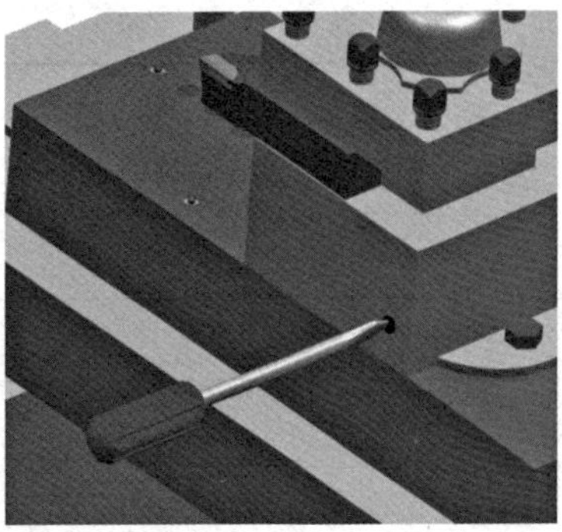

续表

操作内容	图示
	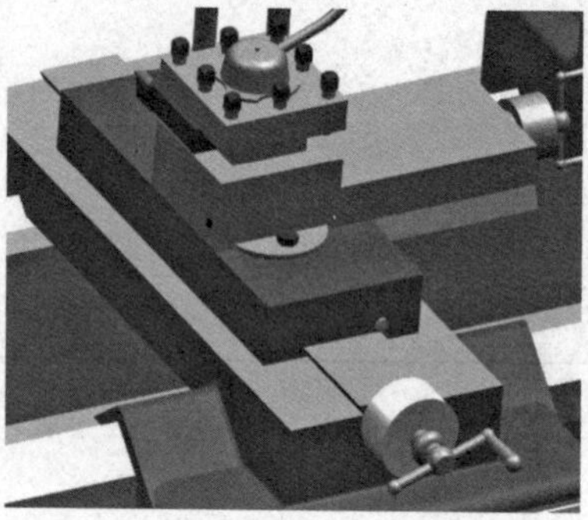
（6）检查 _____、 _____是否灵活	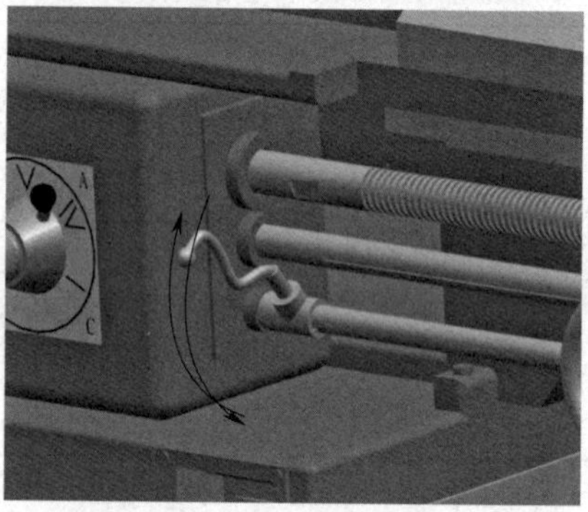
（7）检查 _____	
（8）倒角：_____ _____	

操作内容	图示
（9）试车螺纹要求：_____ _____ _____ _____ _____ _____	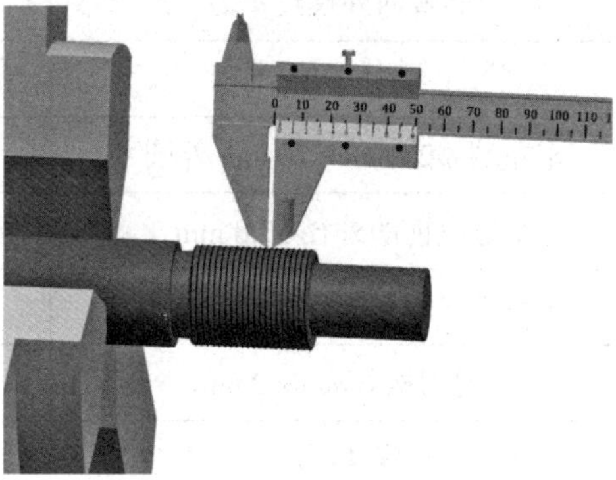
（10）高速车削螺纹进刀方法： 1）_____ 2）_____ 3）_____ 4）_____	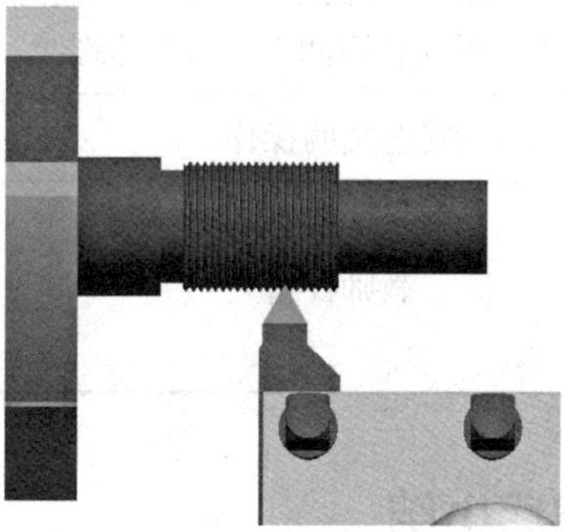
（11）螺纹检测方法及要求：_____ _____ _____ _____ _____	

💬 **任务测评**

　　每位同学完成操作后，卸下工件，仔细测量，看其是否符合图样要求，针对出现的质量问题，填写加工情况记录表（见表6-9），对练习工件进行评价。

表6-9　加工情况记录表

工作内容	加工情况	存在问题	改进措施
刃磨普通外螺纹车刀			
调整车床			
车左端 $\phi25$ mm $\times 20$ mm 外圆			
车螺纹前的外径 32.8 mm			
车右端 $\phi24$ mm $\times 40$ mm 外圆			
车退刀槽 6 mm $\times$ 2 mm			
长度 48 mm			
倒角 C1 mm			
用螺纹环规综合检测 M33 $\times$ 2 的螺纹			
安全文明操作			
教师评价	教师：　　　　　　　　　　　　　年　月　日		

课后小结

试结合本任务完成情况，从车刀的选择、高速车削螺纹的方法、螺纹的车削质量、安全文明生产和团队协作等方面撰写工作总结。

课后阅读

在车床上旋风铣削螺纹

高速铣削螺纹刀盘是用硬质合金刀头高速铣削螺纹的刀具，这种加工螺纹的方法又称旋风铣削法，其切削速度可达 150~450 m/min，是一种先进的、高效率的加工螺纹的方法，可以加工外螺纹，也可以加工内螺纹。

旋风铣削螺纹（见图6-26）的刀盘轴线与工件轴线倾斜，夹角为螺纹的螺旋升角 ψ，刀盘高速旋转，工件低速转动，同时刀盘沿工件轴线移动，工件每转动一周，刀盘移动一个螺距或导程，刀齿切削刃旋转时所形成的回旋面在各不同连续位置上的包络面就是螺纹表面。刀盘可以在改造过的车床或专用机床上加工螺纹，多用在成批生产中加工大螺距螺杆和丝杠。由于高速铣削螺纹刀盘加工精度不高，一般用在粗加工和半精加工中。

图6-26　旋风铣削螺纹

📝 巩固与提高

一、填空题（将正确答案填写在横线上）

1. 用硬质合金车刀高速车削普通螺纹时，切削速度可比低速车削螺纹提高_____倍，而且行程次数可以减少_____以上。

2. 在车削螺距较大（$P>2$ mm）以及材料硬度较高的螺纹时，在车刀两侧切削刃上磨出 $b_{\gamma1}=$_____mm，$\gamma_{o1}=$_____的倒棱。

3. 高速车削普通外螺纹时，工件受车刀挤压后会使外螺纹大径尺寸_____。因此，车削螺纹前的外圆直径应比螺纹大径_____些。当螺距为_____mm 时，车削螺纹前的外径一般可以减小_____mm。

4. 高速车削螺纹时切削力较大，必须将工件和车刀夹紧，必要时应对工件增加_____装置，以防止工件移位。

5. 用硬质合金车刀高速车削普通外螺纹时，一般用_____进刀；对螺距稍大的螺纹可用_____，但需注意不要挤掉刀片。

二、判断题（正确的打"√"，错误的打"×"）

1. 低速车削螺距为 2 mm、材料为中碳钢的螺纹时，一般需 12 次左右进给，而高速车削螺纹仅需 3~4 次进给。　　　　　　　　　　　　　　　（　　）

2. 高速车削普通外螺纹可以大大提高生产效率，而且螺纹两侧表面质量较高，在生产中已被广泛采用。   （   ）

3. 高速车削普通外螺纹时，最后一刀的背吃刀量不能大于 0.1 mm。   （   ）

4. 高速车削外螺纹，不论是采用开倒顺车法，还是采用提开合螺母法，都要求车床各调整点准确、灵活，而且机构不松动。   （   ）

5. 高速车削外螺纹过程中一定要加注切削液。   （   ）

三、选择题（将正确答案的代号填入括号内）

1. 高速车削普通外螺纹时，为了防止切屑使牙侧起毛刺，只能用（   ）车削。

   A. 阶梯槽法　　　　　B. 斜进法　　　　　C. 左右切削法　　　　D. 直进法

2. 为了防止高速车削螺纹时产生振动和扎刀现象，车刀刀尖应（   ）工件轴线 0.1 ~ 0.2 mm。

   A. 等高于　　　　　　B. 低于　　　　　　C. 高于　　　　　　　D. 超出

3. 高速车削普通外螺纹时，应使切屑向（   ）的方向排出；否则，切屑向倾斜方向排出，会拉毛螺纹牙侧。

   A. 待加工表面　　　　　　　　　　　B. 垂直于螺纹轴线

   C. 已加工表面　　　　　　　　　　　D. 任意

四、计算题

1. 高速车削螺距 $P=3$ mm 的普通外螺纹，其进给次数和背吃刀量如何分配？

2. 高速车削普通外螺纹前为什么要使外圆直径稍微减小些？

五、实训题

工件材料为 45 钢，毛坯尺寸为 $\phi 45$ mm × 145 mm，按图 6-27 所示的形状和尺寸车削螺纹，采用高速车削工艺，并整理出合理的工艺过程。

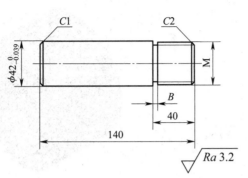

次数	M	B
1	M42×1.5	5×2
2	M38×2	5×2
3	M34×2.5	5×3
4	M28×2	5×2
5	M24	6×3
6	M20	5×3

图 6-27 车螺纹

任务五 低速车削普通内螺纹

任务描述

图 6-28 所示为带普通内螺纹的螺孔垫圈，本任务要在 CA6140 型卧式车床上完成该零件的加工。该零件的主要加工内容是一通孔细牙普通内螺纹，螺距 $P=2$ mm。

普通内螺纹的车削方法与普通外螺纹的车削方法基本相同，只是进刀与退刀的方向相反。

车削内螺纹（尤其是直径较小的内螺纹）比车削外螺纹要困难得多，必须引起足够的重视。

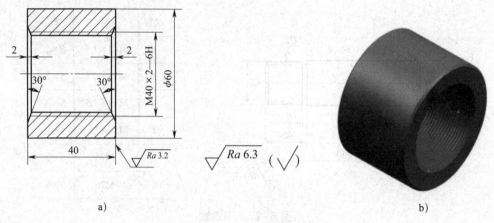

图 6-28　螺孔垫圈
a）零件图　b）实物图

学习低速车削普通内螺纹的知识和技能时可参照以下步骤：

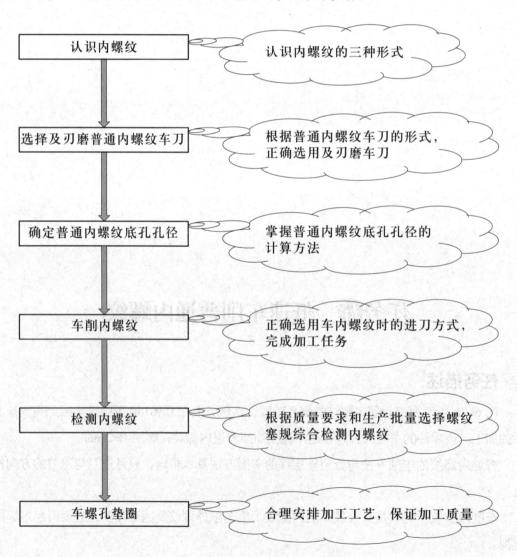

| 认识内螺纹 | 认识内螺纹的三种形式 |

| 选择及刃磨普通内螺纹车刀 | 根据普通内螺纹车刀的形式，正确选用及刃磨车刀 |

| 确定普通内螺纹底孔孔径 | 掌握普通内螺纹底孔孔径的计算方法 |

| 车削内螺纹 | 正确选用车内螺纹时的进刀方式，完成加工任务 |

| 检测内螺纹 | 根据质量要求和生产批量选择螺纹塞规综合检测内螺纹 |

| 车螺孔垫圈 | 合理安排加工工艺，保证加工质量 |

🌀 任务准备

一、刃磨及装夹内螺纹车刀的操作准备

准备 8 mm×20 mm 高速钢刀条、细粒度砂轮（如 F80 的白刚玉砂轮）、防护眼镜、游标万能角度尺和螺纹对刀样板。

二、工件

准备 ϕ65 mm×80 mm 的 45 钢棒料。

三、工艺装备

准备高速钢内螺纹车刀、麻花钻、外圆车刀、端面车刀、切断刀、螺纹对刀样板、分度值为 0.02 mm 的 0～150 mm 游标卡尺、内测千分尺、螺纹样板和螺纹塞规等。

四、设备

准备 CA6140 型卧式车床。

🔧 任务实施

一、新课准备

1. 复习项目四中内孔车刀的相关内容。

2. 复习项目六任务二中螺纹车刀的相关内容。

二、理论学习

认真听课，配合教师的提问、启发和互动，回答以下问题：

1. 内螺纹通常有哪几种形式？

2. 内螺纹车刀和外螺纹车刀有什么区别？内螺纹车刀和内孔车刀有什么区别？

3. 如何选用内螺纹车刀？

4. 如何根据工件材料确定普通内螺纹底孔直径？

5. 如何检测内螺纹？

三、实践操作

观看教师刃磨内螺纹车刀和低速车削普通内螺纹的实践操作演示，在实习场地完成以下操作，并记住操作要点。

1. 同组同学相互配合，通过以下步骤刃磨内螺纹车刀：刃磨刀柄伸出部分→刃磨进给方向后面，控制刀尖半角和后角→刃磨背离进给方向后面，初步形成两刃夹角→刃磨前面，形成背前角→粗磨、精磨后面，用螺纹对刀样板测量刀尖角→修磨刀尖→刃磨背后角。

2. 同组同学相互配合，通过以下步骤车削螺孔垫圈：找正并夹紧毛坯→调整机床，车端面→粗车、精车外圆至尺寸要求→钻孔→切断→掉头装夹，车端面，保证总长→粗车、精车螺纹底孔→装夹内螺纹车刀→孔口倒角→根据螺距调整车床手柄位置→车削内螺纹→用螺纹塞规（见图6-29）进行检测。

实训建议：

（1）本任务也可选择"巩固与提高"中的实训题，选用通孔普通内螺纹和盲孔普通内螺纹两种形式进行车削内螺纹的技能训练。

（2）普通内螺纹的车削方法与普通外螺纹基本相似，但进刀、退刀方向与车削外螺纹相反，故应反复空刀练习进刀、退刀的协调性，待熟练掌握操作技能后再实际车削。

图6-29　螺纹塞规

（3）车削内螺纹，尤其是直径较小的内螺纹，因刀柄细长，刚度低，切屑不易排出，切削液不易注入，不便于观察，车削难度明显增大，故应反复练习，以便于熟练掌握。

（4）对于盲孔内螺纹的车削，尤其要加强退刀操作训练。

（5）依次按照"巩固与提高"实训题表中2、3、4、5次的要求进行内螺纹车削训练，内孔直径逐渐增大。

（6）分别交叉使用直进法、斜进法和左右切削法的进刀方式进行训练。

（7）"巩固与提高"实训题中的普通内螺纹工件有退刀槽，1~3次采用提起开合螺母退刀法车削，4~5次采用开倒顺车退刀法车削。

💬 任务测评

每位同学完成操作后，卸下工件，仔细测量，看其是否符合图样要求，针对出现的质量问题，填写加工情况记录表（见表6-10），对练习工件进行评价。

表6-10　加工情况记录表

工作内容	加工情况	存在问题	改进措施
内螺纹车刀的刃磨			
$\phi 60$ mm			
40 mm			
孔口倒角 2 mm × 30°			
用螺纹塞规检测内螺纹 M40×2—6H			
安全文明操作			
教师评价	教师：　　　　　　　　　　　年　月　日		

🖥 课后小结

试结合本任务完成情况，从内螺纹底孔直径的确定、内螺纹的车削方法、螺纹的车削质量、安全文明生产和团队协作等方面撰写工作总结。

🔖 课后阅读

一、用丝锥切削三角形内螺纹

1. 丝锥的结构

用丝锥加工工件的内螺纹称为攻螺纹。丝锥（见图 6-30）是一种多刃成形刀具，可用于加工采用车刀无法车削的小直径内螺纹，操作方便，生产效率高。

丝锥有很多种，但主要分为手用丝锥和机用丝锥两大类，在车床上使用机用丝锥。

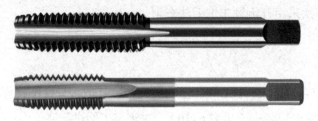

图 6-30　丝锥

2. 攻螺纹的方法

在车床上主要借助图 6-31 所示的工具攻螺纹。

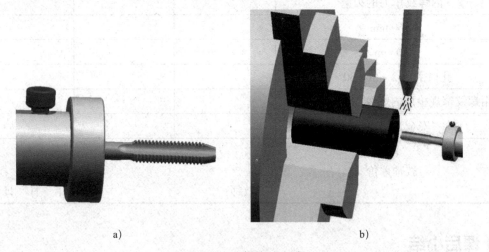

图 6-31　攻螺纹的方法
a）将丝锥装入攻螺纹工具中　b）攻螺纹

二、螺旋槽丝锥

螺旋槽丝锥（见图 6-32）的容屑槽是螺旋状的，根据旋向不同分为左旋和右旋两种。左旋螺旋槽丝锥攻螺纹时切屑向下排出，适用于加工通孔内螺纹；右旋螺旋槽丝锥攻螺纹时切屑向上排出，适用于加工盲孔内螺纹。

螺旋槽丝锥的特点如下：

1. 可攻螺纹至盲孔的最底部。

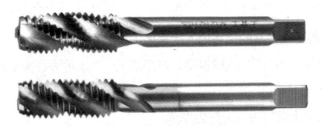

图 6-32　螺旋槽丝锥

2. 不会残留切屑。

3. 容易切入底孔。

4. 有良好的切削性。

巩固与提高

一、填空题（将正确答案填写在横线上）

1. 内螺纹车刀刀柄受螺纹_____的限制，应在保证顺利车削的前提下使刀柄的截面积尽量选_____些。

2. 普通内螺纹一般采用_____进行综合检测。

3. 车削内螺纹时，应将中滑板和小滑板适当_____，以防车削时中滑板和小滑板产生_____而造成螺纹乱牙。

4. 装夹内螺纹车刀时，车刀刀尖应对准工件轴线。如果车刀装得过高，车削时工件容易产生_____，使螺纹表面产生_____；如果车刀装得过低，刀头下部会与工件产生_____，车刀切不进去。

5. 车盲孔螺纹或台阶孔螺纹时还需车好内槽，内槽直径应_____内螺纹大径，槽宽为_____P。

二、判断题（正确的打"√"，错误的打"×"）

1. 内螺纹的大径也就是内螺纹的底径。　　　　　　　　　　　　　　　　　（　）

2. 内螺纹车刀除了其切削刃几何角度应具有外螺纹车刀的特点，还应具有内孔车刀的特点。　　　　　　　　　　　　　　　　　　　　　　　　　　　　　　　　　（　）

3. 车削塑性金属普通内螺纹前的孔径应比同规格的脆性金属的孔径小些。　　（　）

4. 车削内螺纹时，不能用手去摸螺纹表面，但可以把砂布卷在手指上对内螺纹去毛刺。　　　　　　　　　　　　　　　　　　　　　　　　　　　　　　　　　　（　）

5. 工件在回转中不能用棉纱去擦拭内孔，绝对不允许用手指去摸内螺纹表面，以免将手指卷入而发生事故。　　　　　　　　　　　　　　　　　　　　　　　　　　（　）

6. 车盲孔螺纹或台阶孔螺纹时，若车刀碰撞孔底，应及时重新对刀，以防因车刀移位而

造成乱牙。 （　　）

三、选择题（将正确答案的代号填入括号内）

精车螺纹过程中，一旦产生锥度误差，可采用（　　）的方法来消除误差。

A. 重新刃磨使车刀锋利

B. 在原背吃刀量上反复进行无进给车削

C. 继续增大背吃刀量

四、简答题

1. 如何选择普通内螺纹车刀？

2. 装夹内螺纹车刀有哪些注意事项？

五、计算题

需要车削两件 M24 的螺母，一件为铸造铜合金 ZCuSn10Zn2，另一件为 45 钢，分别求出车削内螺纹前的孔径。

六、实训题

工件材料为 45 钢，毛坯尺寸为 ϕ45 mm × 160 mm，按图 6–33 所示的形状和尺寸车削内螺纹，并整理出合理的工艺过程。

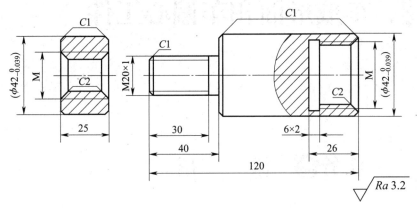

次数	M
1	M22 × 1.5
2	M24 × 1.5
3	M26 × 2
4	M28 × 2
5	M30 × 2

图 6–33　车削内螺纹

项目七
滚花、车成形面和车偏心工件

任务一 滚 花

任务描述

本任务的加工内容是把 $\phi42\ mm \times 100\ mm$ 的毛坯加工成图 7-1 所示的滚花销。

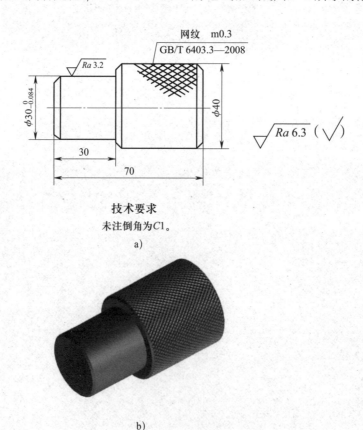

技术要求

未注倒角为 $C1$。

a)

b)

图 7-1 滚花销

a) 零件图 b) 实物图

学习滚花的知识和技能时可参照以下步骤：

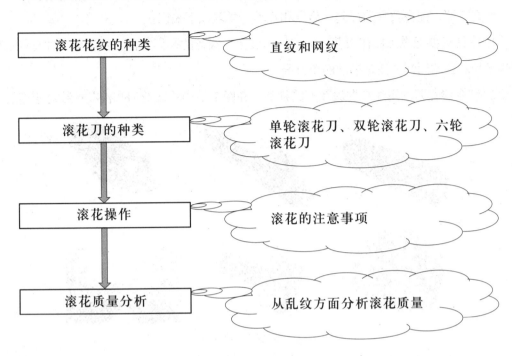

任务准备

一、工件

毛坯尺寸：$\phi42$ mm×100 mm。材料：45钢。数量：1件／人。

二、工艺装备

准备90°粗车刀、90°精车刀、45°车刀、分度值为0.02 mm的0～150 mm游标卡尺、25～50 mm千分尺、m=0.3 mm的双轮滚花刀、钢丝刷。

三、设备

准备CA6140型卧式车床。

任务实施

一、新课准备

通过观察生活、深入生产实际以及在互联网上收集资料等，对滚花及滚花刀做基本了解，有条件的同学可以拍些照片，进行交流及讨论。

二、理论学习

认真听课，配合教师的提问、启发和互动，学习以下知识：

1. 本任务要把重点放在滚花刀的选择与装夹、滚花的操作方法、滚花前工件直径的确定和容易发生的问题、注意事项四个方面。

2. 结合滚花刀的用途掌握滚花刀的种类，在图7-2中将滚花刀和滚花花纹对应连线。

图7-2　滚花刀和滚花花纹

3. 先了解一些带滚花花纹的实物（如千分尺的微分筒、车床中滑板刻度盘表面等），对滚花有一个直观认识，接着学习滚花的作用（为了增大表面摩擦力或使零件表面美观），滚花的花纹种类（有直纹花纹和网纹花纹两种，并有粗细之分），滚花刀的种类（单轮滚花刀、双轮滚花刀和六轮滚花刀），滚花刀的装夹（在车床刀架上，滚花刀的滚轮中心要与工件回转轴线重合），滚花前工件直径的确定，滚花的方法。

三、实践操作

1. 观看教师滚花的实践操作演示，在实习场地完成以下操作，并记住操作要点。

（1）同组同学相互配合，将毛坯安装在三爪自定心卡盘上，利用划针找正并夹紧。

（2）按图7-3所示装夹滚花刀，车削外圆并滚花。

2. 若滚花时操作方法不当，很容易产生废品——乱纹，要及时分析产生废品的原因，采取改进措施。

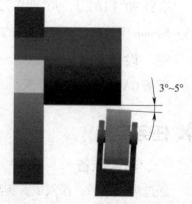

图7-3　装夹滚花刀

💬 任务测评

每位同学完成滚花操作后，卸下滚花刀和工件，仔细测量并确定工件是否符合图样要求，填写滚花销评分表（见表7-1），对练习工件进行评价。

针对出现的质量问题分析出原因，总结出改进措施。

表7-1 滚花销评分表

序号	考核项目	考核内容和要求	配分	评分标准	检测结果	得分
1	外圆	$\phi 30_{-0.084}^{0}$ mm	10	超差不得分		
		$Ra \leq 3.2\ \mu m$	8	不符合要求不得分		
2	滚花	$\phi 40$ mm	8	超差不得分		
		花纹清晰、凸出	8	不符合要求不得分		
		花纹中无切屑	6	不符合要求不得分		
		$m=0.3$ mm	8	不符合要求不得分		
		无乱纹	10	不符合要求不得分		
3	长度	30 mm	4	超差不得分		
		70 mm	4	超差不得分		
		$Ra \leq 6.3\ \mu m$（3处）	4×3	不符合要求不得分		
4	倒角	$C1$ mm（3处）	3×3	超差不得分		
5	工具、设备的使用与维护	正确、规范使用工具、量具、刃具，并进行合理保养与维护	3	不符合要求酌情扣分		
		正确、规范使用设备，并进行合理保养与维护	3	不符合要求酌情扣分		
		操作姿势和动作规范、正确	3	不符合要求酌情扣分		
6	安全及其他	安全文明生产，遵守国家颁布的有关法规或企业自定的有关规定	2	一项不符合要求扣1分，扣完为止，发生较大事故者取消阶段练习资格		
		操作步骤和工艺规程正确	2	一处不符合要求扣1分，扣完为止		
		工件局部无缺陷		不符合要求倒扣1~10分		
7	完成时间	90 min		每超过15 min倒扣10分；超过30 min不合格		
合计			100			

教师评价	
	教师：　　　　　　　　　　　　　　　　年　　月　　日

🔵 课后小结

试结合本任务完成情况，从滚花的作用、滚花刀的安装、滚花的方法、滚花的质量、安全文明生产和团队协作等方面撰写工作总结。

📖 课后阅读

滚花花纹的形状和各部分尺寸

如图 7-4 所示为滚花花纹的形状。

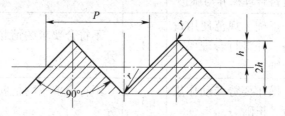

图 7-4　滚花花纹的形状

滚花花纹各部分的尺寸见表 7-2。

表 7-2　滚花花纹各部分的尺寸　　　　　　　　　　　　　　　　　mm

模数 m	h	r	节距 $P=\pi m$	模数 m	h	r	节距 $P=\pi m$
0.2	0.132	0.06	0.628	0.4	0.264	0.12	1.257
0.3	0.198	0.09	0.942	0.5	0.326	0.16	1.571

📝 巩固与提高

一、填空题（将正确答案填写在横线上）

1. 由于滚花时出现工件_____现象是难以避免的，因此，车削带有滚花表面的工件时，应安排在_____之后、_____之前进行滚花。

2. 滚花前，应根据工件材料的性质和花纹模数，将工件滚花表面的直径车小_____。

3. 滚花花纹有_____和_____两种。花纹有粗细之分，并用_____区分，_____越大，花纹越粗。花纹的粗细由_____决定。

4. 滚花花纹的粗细应根据工件滚花表面的直径选择，直径大，选用_____花纹；直径小，则选用_____花纹。

二、判断题（正确的打"√"，错误的打"×"）

1. 单轮滚花刀只能用来滚直纹。 （　　）

2. 滚压碳钢或滚花表面质量要求一般的工件时，可将滚轮表面相对于工件表面向右倾斜 3°~5° 装夹，以使滚花刀容易切入工件表面且不易产生乱纹。 （　　）

3. 在滚花刀开始滚压时挤压力要小一些，这样就不易产生乱纹。 （　　）

4. 滚花时只准滚压 1 次，反复滚压会产生乱纹。 （　　）

5. 滚花时应选低的切削速度，一般为 5~10 m/min。纵向进给量可选择得大些，一般为 0.30~0.60 mm/r。 （　　）

6. 滚花开始就应充分浇注切削液，以润滑滚轮及防止滚轮发热损坏，并经常清除滚压产生的碎屑。 （　　）

7. 滚花前工件的表面粗糙度值越小越好。 （　　）

8. 在滚压过程中，应经常用钢丝刷接触工件与滚轮的咬合处，以清除切屑。 （　　）

9. 把外圆略车小一些，可以防止滚花时产生乱纹。 （　　）

三、选择题（将正确答案的代号填入括号内）

1. 用来滚网纹的滚花刀是（　　）滚花刀。

A. 单轮 　　　　 B. 双轮 　　　　 C. 六轮

2. 滚花时的（　　）很大，所用车床的刚度应较高，工件必须装夹牢固。

A. 背向力 　　　　 B. 径向力 　　　　 C. 主切削力

四、简答题

1. 滚花表面有什么作用？

2. 滚花时产生乱纹的原因有哪些?

3. 判断图 7-5 所示的工作内容，图中滚花花纹的种类是什么? 可以用哪种滚花刀进行滚压加工?

图 7-5　滚花

任务二　双手控制法车成形面

🔩 任务描述

图 7-6 所示的工件为橄榄球手柄，材料为 45 钢，本任务要把 $\phi 26\ \text{mm} \times 135\ \text{mm}$ 的毛坯加工成该工件。

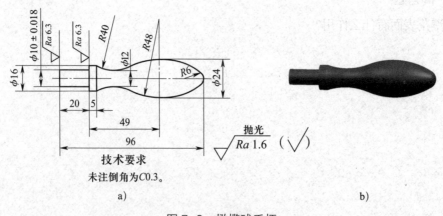

技术要求
未注倒角为 C0.3。

a)　　　　　　　　　　　　　　　b)

图 7-6　橄榄球手柄
a) 零件图　b) 实物图

学习双手控制法车削成形面的知识和技能时可参照以下步骤：

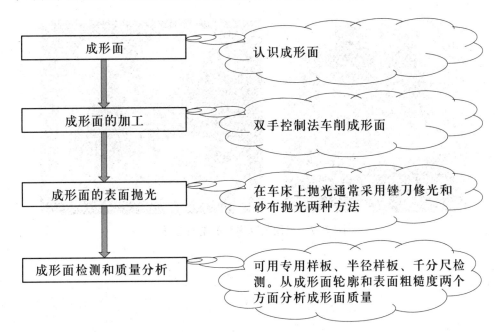

任务准备

一、工件

毛坯尺寸：$\phi26\,mm \times 135\,mm$。材料：45钢。数量：1件/人。

二、工艺装备

准备90°车刀（粗车刀和精车刀）、45°车刀、圆弧刃粗车刀、车槽刀、中心钻、细齿纹平锉、1号或0号砂布、0~25 mm千分尺、分度值为0.02 mm的0~150 mm游标卡尺、游标万能角度尺、钢直尺、专用样板、半径样板。

三、设备

准备CA6140型卧式车床。

任务实施

一、新课准备

1. 通过观察生活、深入生产实际以及在互联网上收集资料等，对成形面做一些基本了解，有条件的同学可以拍些照片，进行交流及讨论。

2. 回顾：图 7-7 所示为家用削苹果机的削皮过程，它是如何工作的？

图 7-7　家用削苹果机的削皮过程

3. 比较：与家用削苹果机的削皮过程进行比较，车削成形面（见图 7-8）与其有哪些相同和不同之处？

图 7-8　车削成形面

二、理论学习

认真听课，配合教师的提问、启发和互动，回答以下问题：

1. 本任务是本项目的重点和难点。双手控制法车成形面主要用于单件或数量较少的成形面的加工，它是成形面车削的基本方法和常用方法，是车工的基本技能之一。

2. 什么是双手控制法车成形面？该方法有什么特点？

3. 如图7-9所示单球手柄圆球部分的长度 L 如何计算？

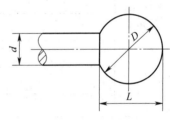

图7-9　单球手柄

三、实践操作

1. 观看教师双手控制法车成形面的实践操作演示，在实习场地完成以下操作，并记住操作要点。

（1）同组同学相互配合，完成刃磨及装夹圆弧刃粗车刀的操作。

1）圆弧刃粗车刀的刃磨与90°车刀刀尖圆弧的刃磨方法基本相同。

2）圆弧刃粗车刀的装夹要求与车槽刀基本相同。

3）把圆弧刃粗车刀的圆弧刃中点位置看作刀尖，它应与工件轴线等高或稍高于工件轴线。

（2）同组同学相互配合，将毛坯装夹在三爪自定心卡盘上，利用划针找正、夹紧并车削。

（3）根据表7-3中车削橄榄球手柄的操作步骤，结合部分工序图示，补全相关操作内容。

表 7-3　车削橄榄球手柄的操作步骤（部分）

步骤	操作内容	图示
车削凹圆弧面	＿＿＿＿＿＿＿＿＿＿ ＿＿＿＿＿＿＿＿＿＿ ＿＿＿＿＿＿＿＿＿＿ ＿＿＿＿＿＿＿＿＿＿ ＿＿＿＿＿＿＿＿＿＿	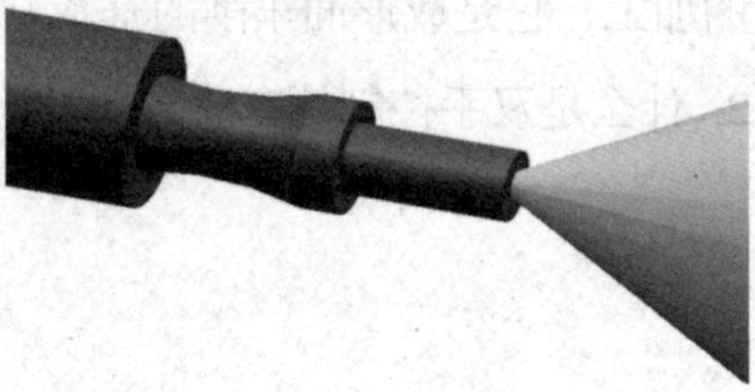
车削凸圆弧面和外圆	＿＿＿＿＿＿＿＿＿＿ ＿＿＿＿＿＿＿＿＿＿ ＿＿＿＿＿＿＿＿＿＿ ＿＿＿＿＿＿＿＿＿＿ ＿＿＿＿＿＿＿＿＿＿	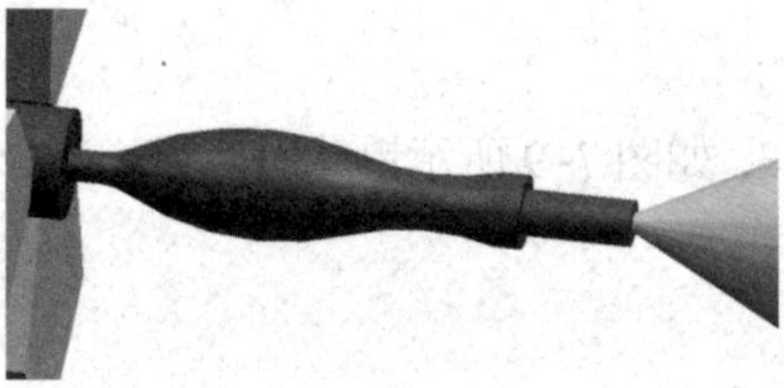
修整圆弧面	＿＿＿＿＿＿＿＿＿＿ ＿＿＿＿＿＿＿＿＿＿ ＿＿＿＿＿＿＿＿＿＿ ＿＿＿＿＿＿＿＿＿＿	
检查	＿＿＿＿＿＿＿＿＿＿ ＿＿＿＿＿＿＿＿＿＿	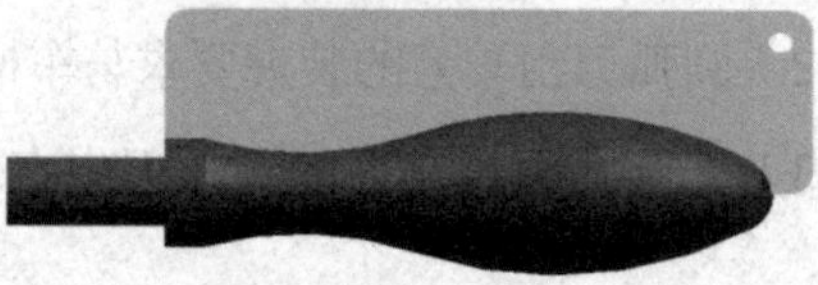

2. 同组同学相互配合进行检查。为保证橄榄球手柄的外轮廓正确，在车削过程中应边车削边检测。球面可用专用样板检查，用专用样板检查时，专用样板应对准工件中心，观察专用样板与工件之间间隙的大小，并根据间隙情况进行修整；用千分尺检测时，千分尺

测微螺杆轴线应通过工件球面中心，并应多次变换测量方向，根据测量结果进行修整（合格球面各测量方向所测得的值都应在图样规定的范围内）。

3. 车成形面时可能产生废品，要及时分析原因，并采取改进措施。

💬 任务测评

每位同学完成车成形面操作后，卸下车刀和工件，仔细测量并确定工件是否符合图样要求，填写橄榄球手柄评分表（见表 7-4），对练习工件进行评价。

针对出现的质量问题分析出原因，总结出改进措施。

表 7-4　橄榄球手柄评分表

序号	考核项目	考核内容和要求	配分	评分标准	检测结果	得分
1	外圆	ϕ（10 ± 0.018）mm	8	超差不得分		
		$\phi16$ mm	3	超差不得分		
		$Ra \leq 1.6\ \mu$m	12	不符合要求不得分		
2	成形面	$\phi12$ mm	3	超差不得分		
		$\phi24$ mm	3	超差不得分		
		曲面轮廓流畅	6	目测检查，不符合要求不得分		
		$R40$ mm、$R48$ mm、$R6$ mm	5×3	用专用样板检查，不符合要求不得分		
		$Ra \leq 1.6\ \mu$m	10	不符合要求不得分		
		不得有刀痕	4	不符合要求不得分		
3	长度	5 mm、20 mm、49 mm、96 mm	3×4	超差不得分		
		$Ra \leq 6.3\ \mu$m（2 处）	3×2	不符合要求不得分		
4	倒角	$C0.3$ mm（2 处）	4×2	超差不得分		
5	工具、设备的使用与维护	正确、规范使用工具、量具、刀具，并进行合理保养与维护	2	不符合要求酌情扣分		

续表

序号	考核项目	考核内容和要求	配分	评分标准	检测结果	得分
5		正确、规范使用设备，并进行合理保养与维护	2	不符合要求酌情扣分		
		操作姿势和动作规范、正确	2	不符合要求酌情扣分		
6	安全及其他	安全文明生产，遵守国家颁布的有关法规或企业自定的有关规定	2	一项不符合要求扣1分，扣完为止，发生较大事故者取消阶段练习资格		
		操作步骤和工艺规程正确	2	一处不符合要求扣1分，扣完为止		
		工件局部无缺陷		不符合要求倒扣1～10分		
7	完成时间	360 min		每超过15 min倒扣10分；超过30 min不合格		
	合计		100			
教师评价		教师：			年　月　日	

🖳 课后小结

试结合本任务完成情况，从成形面的尺寸计算、车成形面的方法、成形面的车削质量、安全文明生产和团队协作等方面撰写工作总结。

课后阅读

一、成形面工件

机器中很多常见零件的表面为成形面，常用的成形面工件见表7-5。对于成形面工件，应根据其特点、精度要求和批量，分别采用双手控制法、成形法、仿形法等加工方法进行加工。

表7-5　常见的成形面工件

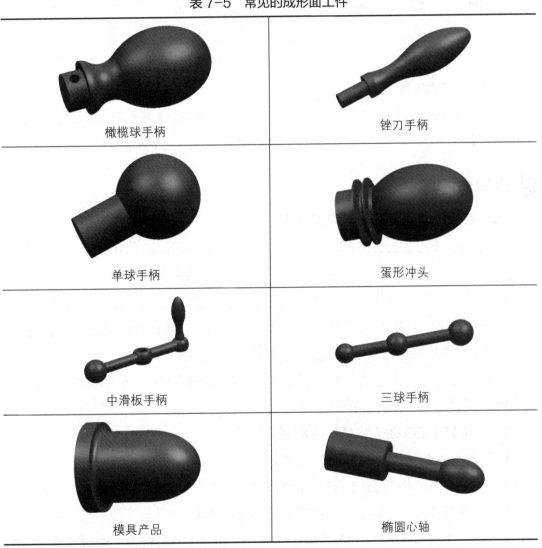

橄榄球手柄	锉刀手柄
单球手柄	蛋形冲头
中滑板手柄	三球手柄
模具产品	椭圆心轴

二、锉刀的种类

1. 按锉刀中整形锉的形状分类

按形状不同，锉刀可分为齐头扁锉、尖头扁锉、半圆锉、三角锉、方锉、圆锉、刀形锉、菱形锉等，如图7-10所示。

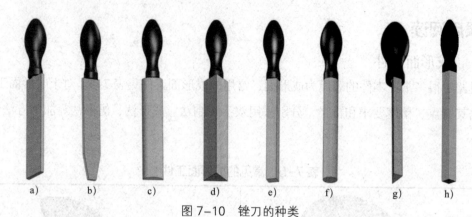

图 7-10　锉刀的种类

a）齐头扁锉　b）尖头扁锉　c）半圆锉　d）三角锉　e）方锉　f）圆锉　g）刀形锉　h）菱形锉

2. 按加工表面质量分类

按加工表面质量不同，锉刀可分为粗齿锉刀、中齿锉刀、细齿锉刀、双细齿锉刀、油光锉刀共五种。

📝 巩固与提高

一、填空题（将正确答案填写在横线上）

1. 成形面一般_____作为工件的装夹表面，因此，车削工件的成形面时，应安排在_____之后、_____之前进行，也可以在_____次装夹中完成车削。

2. 在车床上进行表面修整通常采用_____和_____两种方法。

3. 修光用的锉刀常用细齿纹的_____和_____或特细齿纹的_____。

4. 抛光时常用的细粒度砂布有_____号或_____号。

5. 用_____法车成形面时，双手配合应协调、熟练。车刀切入的_____应准确控制，以防止将工件局部车小。

二、判断题（正确的打"√"，错误的打"×"）

1. 修光时的锉削余量一般为 0.01 ~ 0.03 mm。　　　　　　　　　　　　　（　　）

2. 用千分尺检测球面时，千分尺测微螺杆的轴线不必通过工件球面中心。　（　　）

3. 用锉刀修光时，应提高锉削速度，以提高修光质量。　　　　　　　　　（　　）

4. 用砂布抛光内孔时，可将砂布撕成条状，一端插在抛光棒槽内，并按逆时针方向将砂布缠紧在抛光棒上。　　　　　　　　　　　　　　　　　　　　　　　（　　）

5. 车成形面时，车刀一般应从成形面低处向高处进给。　　　　　　　　　（　　）

6. 车成形面时，为了提高工件刚度，应先车离卡盘近的成形面，后车离卡盘远的成形面。　　　　　　　　　　　　　　　　　　　　　　　　　　　　　　（　　）

7. 用双手控制法车削时，纵向进给和横向进给配合不协调会使成形面轮廓不正确。

（　　）

三、选择题（将正确答案的代号填入括号内）

1. 在车床上用锉刀修光时，为保证安全，最好用（　　）握住锉柄进行锉削。

A. 右手　　　　　　B. 左手　　　　　　C. 左手和右手皆可

2. 用砂布抛光小孔时，可用（　　）进行抛光。

A. 抛光夹　　　　　B. 手缠砂布　　　　C. 砂布缠紧在木棒上

四、简答题

1. 什么是成形面？加工成形面有哪些方法？

2. 什么是双手控制法？其特点和适用场合是什么？

3. 什么是抛光？抛光的目的是什么？

五、实训题

1. 图 7-11 所示为带锥柄的单球手柄，求：

（1）车圆锥时小滑板应转过的角度（用近似法）。

（2）车圆球时球体部分长度 L。

（3）编制加工工艺并进行加工。

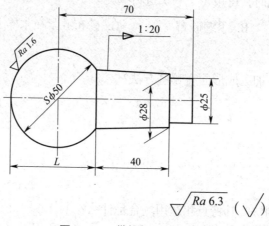

图 7-11　带锥柄的单球手柄

2. 图 7-12 所示为单球手柄，求车圆球时的球体部分长度 L，编制加工工艺并进行加工。

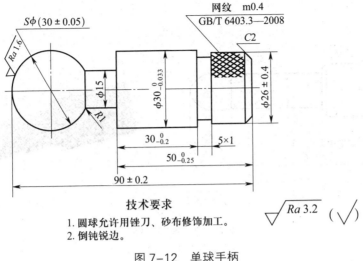

技术要求

1. 圆球允许用锉刀、砂布修饰加工。
2. 倒钝锐边。

图 7-12 单球手柄

任务三 成形法车成形面

任务描述

图 7-13 所示为椭圆心轴。本任务要在 CA6140 型卧式车床上完成该零件的加工。该零件加工的主要内容包括：长度 18 mm，曲线方程为 $\dfrac{x^2}{8^2} + \dfrac{y^2}{12^2} = 1$ 的椭圆；$\phi 20$ mm、$\phi 13.86$ mm 两外圆，两处倒角 $C1$ mm，工件总长为 100 mm。该零件有两个部分要求表面粗糙度值较小，$Ra \leqslant 0.8$ μm。

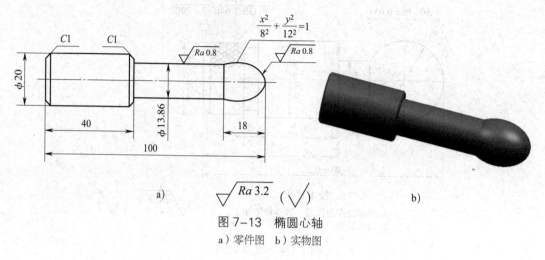

图 7-13 椭圆心轴

a）零件图 b）实物图

学习成形法车成形面的知识和技能时可参照以下步骤：

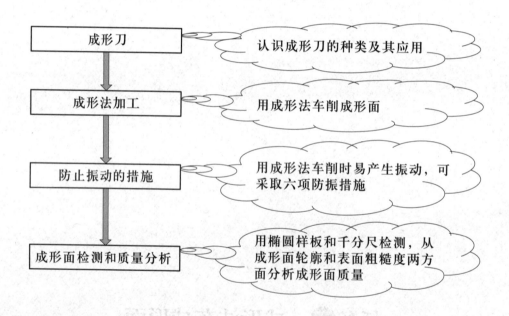

🛠 任务准备

一、工件

毛坯尺寸：$\phi 25\ mm \times 105\ mm$。材料：45 钢。数量：1 件 / 人。

二、工艺装备

准备 90° 粗车刀、90° 精车刀、45° 车刀、圆弧刃粗车刀、椭圆成形刀、车槽刀、细齿纹平锉、1 号或 0 号砂布、分度值为 0.02 mm 的 0～150 mm 游标卡尺、椭圆样板。

三、设备

准备 CA6140 型卧式车床。

✕ 任务实施

一、新课准备

通过观察生活、深入生产实际以及在互联网上收集资料等，对成形刀做基本了解，有条件的同学可以拍些照片，进行交流及讨论。

二、理论学习

认真听课，配合教师的提问、启发和互动，学习相关知识并回答以下问题：

1. 学习成形刀的种类及其应用的相关知识。最常用的成形刀是哪种？图 7-14 所示的成形刀是哪种成形刀？

图 7-14　成形刀

2. 防止振动是车削的难题之一，也是车工的基本技能之一。可采取以下措施：车床有足够的刚度→成形刀的角度合理→成形刀的刃口要对准工件轴线→采用反切法→选用较小的进给量和切削速度→充分浇注切削液。

三、实践操作

观看教师用成形法车成形面的实践操作演示，在实习场地完成以下操作，并记住操作要点。

1. 同组同学相互配合，装夹成形刀，调整主轴转速，装夹工件，用划针找正并夹紧。

2. 车削椭圆心轴的椭圆部分，完成以下操作：

（1）粗车椭圆部分

选择切削用量，练习用圆弧刃粗车刀双手操作法粗车椭圆部分。

（2）精车椭圆部分

选择切削用量，用椭圆成形刀精车椭圆部分。

（3）用椭圆样板检查椭圆部分

检查时先检查透光的均匀性，再检查透光间隙。

3. 同组同学相互配合，完成整形和抛光工作：

（1）对不符合要求的椭圆部分用锉刀进行修整。

（2）用砂布对椭圆和外圆进行抛光，保证 $Ra \leq 0.8\ \mu m$。

（3）用椭圆样板重复检查椭圆部分，确认合格后，卸下工件。

任务测评

每位同学完成操作后，卸下工件，仔细测量，看其是否符合图样要求，针对出现的质量问题，填写加工情况记录表（见表7-6），对练习工件进行评价。

表7-6　加工情况记录表

工作内容	加工情况	存在问题	改进措施
$\phi 20$ mm			
40 mm			
$\phi 13.86$ mm			
$C1$ mm			
检查椭圆部分			
$Ra \leq 0.8\ \mu m$			
安全文明操作			
教师评价			
	教师：　　　　　　　　　　　　　年　　月　　日		

课后小结

试结合本任务完成情况，从成形刀的选择、用成形法车成形面的方法、成形面的车削质量、安全文明生产和团队协作等方面撰写工作总结。

课后阅读

手动车内、外圆弧面

按图 7-15 所示车削内、外圆弧面时，可以利用双手控制中滑板和小滑板或者控制中滑板和床鞍做合成运动，使车刀刀尖的运动轨迹与工件的圆弧面轨迹一致，因此，车削时的关键技术是要保证车刀刀尖运动轨迹的圆弧半径与工件的圆弧面半径相等，同时使刀尖处于工件的回转中心平面内。

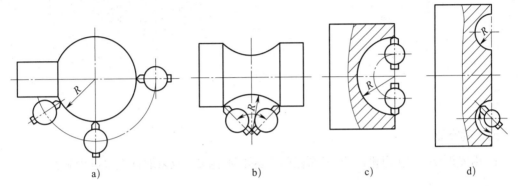

图 7-15 内、外圆弧面车削原理
a）车外圆弧面 b）、c）、d）车内圆弧面

巩固与提高

一、填空题（将正确答案填写在横线上）

1. 用整体式成形刀车削精度要求不高的成形面时，其切削刃可用_____刃磨；车削精度要求较高的成形面，切削刃应在_____上刃磨。

2. 棱形成形刀加工_____，使用寿命_____，但制造较复杂。

3. 圆轮成形刀做成_____，在圆轮上开有_____，从而形成前面和主切削刃。

4. 成形法适用于加工数量_____、成形面轴向尺寸_____且较简单的成形面工件。

二、选择题（将正确答案的代号填入括号内）

（ ）成形刀允许重磨的次数多，较易制造。

A. 整体式   B. 棱形   C. 圆轮

三、名词解释

1. 成形法

2. 成形刀

四、计算题

已知圆轮成形刀的直径 $D=60$ mm，现需要保证背后角 $\alpha_p=10°$，求主切削刃低于成形刀中心的距离 H。

五、简答题

1. 用成形法车成形面时，若表面粗糙度达不到要求，应采取什么改进措施？

2. 成形刀的种类有哪些？各适用于什么场合？

3. 用成形法车削成形面时如何防止振动？

4. 用成形法车成形面时，导致成形面轮廓不正确的原因是什么？

任务㈣ 在三爪自定心卡盘上车偏心工件

⚙任务描述

本任务要将 $\phi35\,mm \times 70\,mm$ 的毛坯加工成图 7–16 所示的偏心轴。

应根据工件的数量、形状、偏心距的大小和精度要求相应地采用不同的装夹方法，如可用三爪自定心卡盘、四爪单动卡盘、两顶尖装夹车偏心轴。

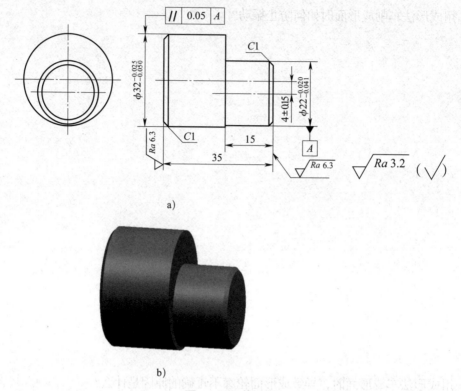

a)

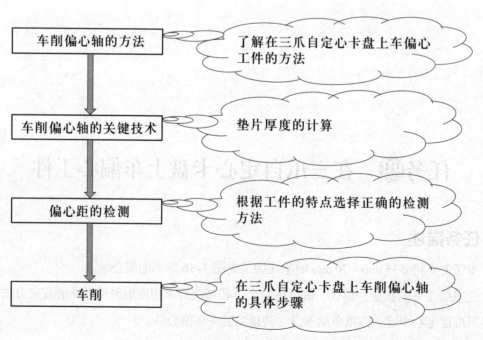

b)

图 7-16　偏心轴
a）零件图　b）实物图

偏心距精度要求一般、长度较短、形状较简单、加工数量较多且偏心距 $e \leqslant 6$ mm 的短偏心轴，比较适合用三爪自定心卡盘装夹车削。

学习在三爪自定心卡盘上车偏心工件的知识和技能时可参照以下步骤：

车削偏心轴的方法	了解在三爪自定心卡盘上车偏心工件的方法
车削偏心轴的关键技术	垫片厚度的计算
偏心距的检测	根据工件的特点选择正确的检测方法
车削	在三爪自定心卡盘上车削偏心轴的具体步骤

任务准备

一、工件

毛坯尺寸：ϕ35 mm × 70 mm。材料：45 钢。数量：1 件 / 人。

二、工艺装备

准备三爪自定心卡盘、45° 车刀、90° 车刀、切断刀、0 ~ 25 mm 和 25 ~ 50 mm 千分尺、分度值为 0.02 mm 的 0 ~ 150 mm 游标卡尺、0 ~ 10 mm 百分表和磁性表座、5.85 mm 厚的弧形垫片等。

三、设备

准备 CA6140 型卧式车床。

任务实施

一、新课准备

1. 通过观察生活、深入生产实际以及在互联网上收集资料等，对偏心工件的类型做基本了解，有条件的同学可以拍些照片，进行交流及讨论。

2. 参考相关资料，了解偏心工件、偏心轴、偏心套、偏心距等术语。

3. 了解偏心工件的车削方法及其原理。

二、理论学习

认真听课，配合教师的提问、启发和互动，学习相关知识并回答以下问题：

1. 本任务主要学习在车床上用三爪自定心卡盘车偏心轴的方法。学习的关键是如何选择垫片的厚度保证所要求的偏心距以及偏心距的检测（如在两顶尖间检测偏心距、在V形架上检测偏心距等）。

2. 垫片厚度 x 可否用以下近似公式计算？为什么？

$$x=1.5e+1.5（e-e_{测}）$$

式中　x——垫片厚度，mm；

　　　e——工件偏心距，mm；

　　　$e_{测}$——试切后实测的偏心距，mm。

3. 检测偏心轴偏心距的方法有哪些？

4. 偏心套可以用三爪自定心卡盘夹持进行车削吗？为什么？

5. 偏心套可以用四爪单动卡盘夹持进行车削吗？为什么？

三、实践操作

1. 观看教师用三爪自定心卡盘夹持车偏心轴的实践操作演示，在实习场地完成操作，并记住操作要点。

2. 同组同学相互配合，通过实际训练消化所学的理论知识，进行有关加工过程的讨论，以提高自己分析问题的能力，从而巩固学习效果。

3. 根据表 7-7 中车削偏心轴的操作步骤，结合部分工序图示，补全相关操作内容。

表 7-7　车削偏心轴的操作步骤（部分）

步骤	操作内容	图示
找正、车削偏心外圆	1. 选择垫片厚度为_____mm，并将其垫在三爪自定心卡盘的任一卡爪上，将工件初步夹住	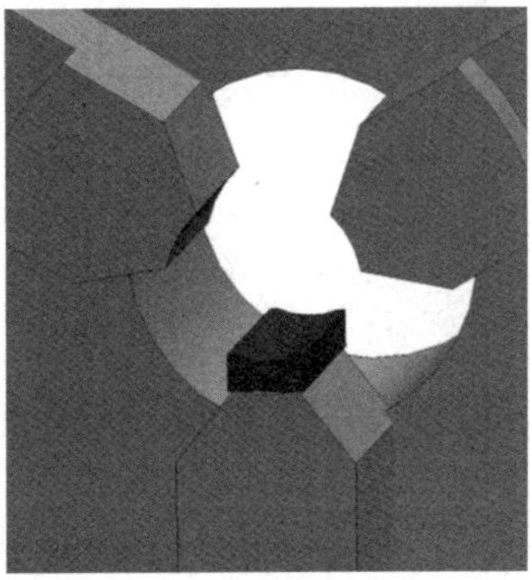
	2. 用百分表检查工件外圆_____与车床_____是否平行，工件轴线不能歪斜，从而保证_____与_____的平行度，找正完毕夹紧工件	 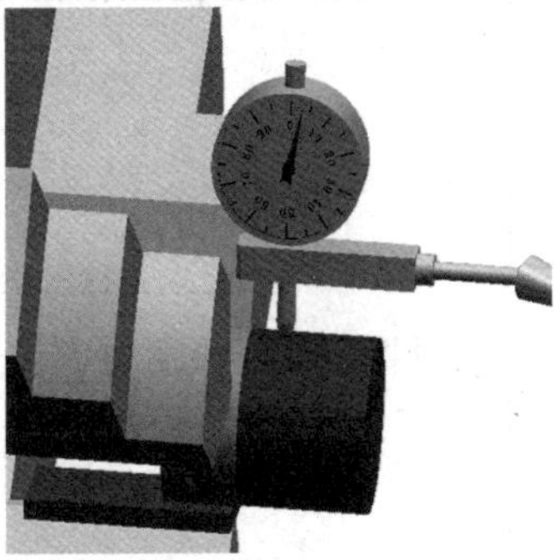

续表

<table>
<tr><th>步骤</th><th>操作内容</th><th>图示</th></tr>
<tr><td rowspan="3">找正、车削偏心外圆</td><td>3. 用______检测______</td><td>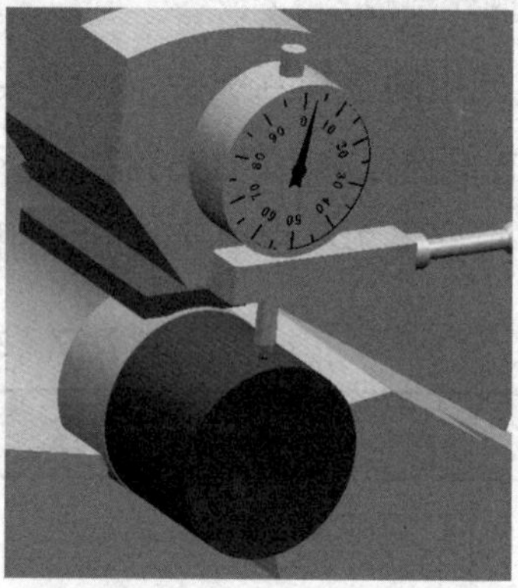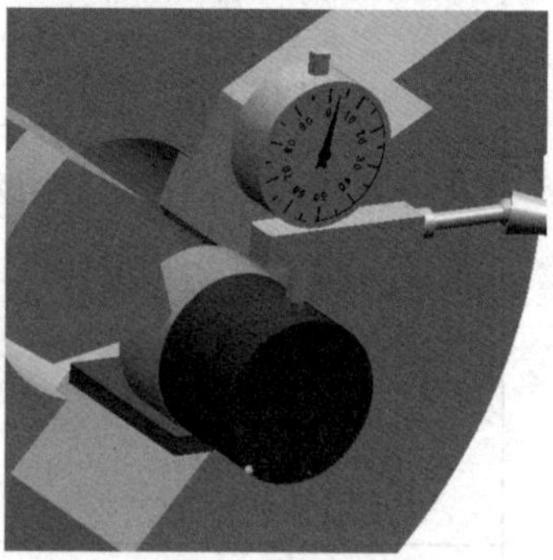</td></tr>
<tr><td>4. 粗车__________mm 偏心外圆，留精车余量_____mm，保证长度________mm</td><td>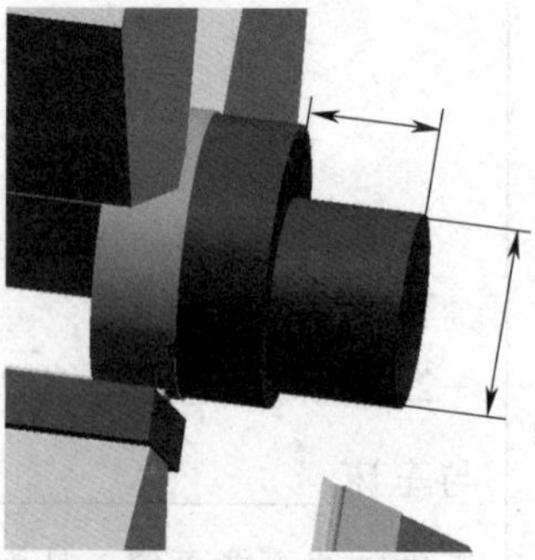</td></tr>
<tr><td>5. 精车__________mm 偏心外圆，保证长度____mm</td><td>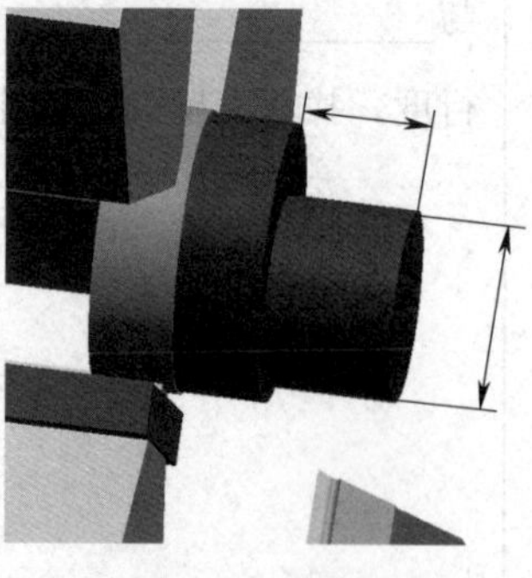</td></tr>
</table>

步骤	操作内容	图示
倒角并卸下完工工件	外圆倒角_____mm 并卸下完工工件	

任务测评

每位同学完成车偏心轴操作后，卸下工件，仔细测量并确定工件是否符合图样要求，填写车偏心轴评分表（见表 7-8），对练习工件进行评价。

针对出现的质量问题分析出原因，总结出改进措施。

表 7-8 车偏心轴评分表

序号	考核项目	考核内容和要求	配分	评分标准	检测结果	得分
1	外径	$\phi 32^{-0.025}_{-0.050}$ mm	8	超差不得分		
		$\phi 22^{-0.020}_{-0.041}$ mm	8	超差不得分		
2	表面粗糙度	$Ra \leqslant 3.2$ μm（3 处）	3×3	不符合要求不得分		
		$Ra \leqslant 6.3$ μm（2 处）	2×2	不符合要求不得分		
3	偏心距	（4±0.15）mm	19	超差不得分		
4	长度	15 mm	5	超差不得分		
		35 mm	5	超差不得分		
5	平行度	⫽ 0.05 A	10	超差不得分		
	倒角	C1 mm（2 处）	1×2	超差不得分		
6	工具、设备的使用与维护	正确、规范使用工具、量具、刀具，并进行合理保养与维护	5	不符合要求酌情扣分		
		正确、规范使用设备，并进行合理保养与维护	5	不符合要求酌情扣分		

续表

序号	考核项目	考核内容和要求	配分	评分标准	检测结果	得分
6		操作姿势和动作规范、正确		不符合要求酌情倒扣分		
7	安全及其他	安全文明生产，遵守国家颁布的有关法规或企业自定的有关规定	6	一项不符合要求扣2分，扣完为止，发生较大事故者取消阶段练习资格		
		操作步骤和工艺规程正确	14	一处不符合要求扣2分，扣完为止		
		工件局部无缺陷		不符合要求倒扣1~10分		
8	完成时间	150 min		每超过10 min倒扣10分；超过30 min不合格		
	合计		100			
	教师评价	教师：			年 月 日	

课后小结

试结合本任务完成情况，从垫片厚度的计算、车偏心轴的方法、偏心轴的车削质量、安全文明生产和团队协作等方面撰写工作总结。

课后阅读

一、常见的偏心工件

常见的偏心工件见表7-9。

表 7-9　常见的偏心工件

短偏心轴	长偏心轴
偏心套	偏心凸轮
偏心轮	单拐曲轴

二、用两顶尖装夹车削偏心工件

对于较长的偏心轴，只要其两端能钻中心孔，且有安装鸡心夹头的位置，都可以用两顶尖装夹进行车削，如图 7-17 所示。

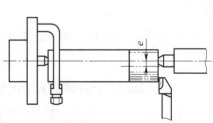

图 7-17　用两顶尖装夹车削偏心轴

三、用四爪单动卡盘找正及车削偏心工件

用四爪单动卡盘装夹偏心工件时，必须根据毛坯上已划好的线找正工件，使偏心圆柱的轴线与车床主轴轴线重合，并找正工件外圆侧素线与车床主轴轴线平行，如图 7-18 所示。找正后，按图 7-18c 所示车削偏心工件。

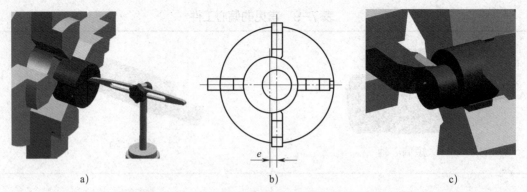

a)   b)   c)

图 7-18　用四爪单动卡盘装夹车削偏心工件

a）找正　b）偏心工件的位置　c）车削偏心工件

📝 巩固与提高

一、填空题（将正确答案填写在横线上）

1. 车削偏心轴的关键技术是保证轴线间的_____和_____的精度。

2. 应选择具有足够_____的材料制作垫片，以防止装夹时发生挤压变形。垫片与三爪自定心卡盘卡爪接触的一面应做成与卡爪圆弧相匹配的_____；否则，垫片与卡爪之间会产生间隙，造成_____误差。

3. 粗车偏心圆柱面时会产生一定的冲击和振动。因此，外圆车刀应取_____刃倾角；刚开始车削时，背吃刀量稍_____些，进给量要_____些。

二、判断题（正确的打"√"，错误的打"×"）

1. 为了保证偏心工件的工作精度，在车削偏心工件时，应特别注意控制轴线间的平行度和偏心距的精度。（　　　）

2. 开始车偏心部分时，由于偏心部分两边的切削量相差很多，车刀应先远离工件再启动主轴。（　　　）

3. 车刀刀尖从偏心部分的最外点逐步切入工件进行车削，这样可有效地防止工件碰撞车刀。（　　　）

三、选择题（将正确答案的代号填入括号内）

1. 用（　　　）装夹车偏心工件的方法适用于精度要求一般、长度较短、形状较简单、加工数量较多且偏心距 $e \leqslant 6$ mm 的短偏心工件。

A. 三爪自定心卡盘   B. 四爪单动卡盘

C. 两顶尖   D. 专用偏心夹具

2. 在三爪自定心卡盘上车偏心工件时，要先用公式 $x=$（　　　）计算出垫片厚度，再进行试车削。

A. $1.5e+k$ B. $1.5k+e$ C. $1.5e$ D. $1.5\Delta e$

3. 在三爪自定心卡盘上车削偏心距 $e=3$ mm 的工件，垫片的厚度约为（　　）mm。

A. 3 　　　　　　 B. 4.5 　　　　　　 C. 6 　　　　　　 D. 2

4. 用百分表检测偏心距时，将百分表测头与工件基准外圆接触，使卡盘缓慢转过一圈，百分表指示的最大值与最小值之差的（　　）即偏心距 e。

A. 一倍 　　　　 B. 一半 　　　　 C. 两倍 　　　　 D. 三倍

5. 无中心孔或长度较短、偏心距 $e<$（　　）mm 的偏心工件可在 V 形架上检测偏心距。

A. 5 　　　　　　 B. 8 　　　　　　 C. 3 　　　　　　 D. 10

6. 对于偏心距较大（ $e \geqslant 5$ mm）且其精度要求较高的工件因为受到百分表测量范围的限制，或对于无中心孔的偏心工件，可（　　）测量偏心距。

A. 用游标卡尺 　　　　　　　　　　 B. 用百分表

C. 在 V 形架上间接 　　　　　　　　 D. 在 V 形架上直接

7. 装夹工件时，工件轴线不能歪斜，以免影响加工质量。调整偏心距后仍要重新找正外圆侧素线与车床主轴轴线的（　　）。

A. 线轮廓度 　　　 B. 对称度 　　　 C. 垂直度 　　　 D. 平行度

四、计算题

1. 在三爪自定心卡盘上车削偏心距 $e=2.5$ mm 的偏心轴，求试车削的垫片厚度 x。

2. 在三爪自定心卡盘上车削偏心距 $e=4$ mm 的工件，经试车削实测其偏心距为 3.96 mm，求垫片的准确值 x。

3. 车削偏心距 $e=3$ mm 的工件，试用近似公式计算垫片厚度 x。试车削后，检查实际偏心距为 3.07 mm，则偏心距误差 Δe 和垫片厚度的准确值 x 应为多少？

五、实训题

在三爪自定心卡盘上将 $\phi50$ mm $\times 75$ mm 的毛坯加工成图 7-19 所示的偏心轴，简述该偏心轴偏心距的检测方法。

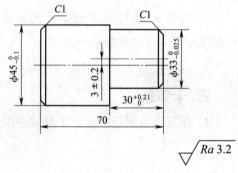

图 7-19　偏心轴